CÉREBRO

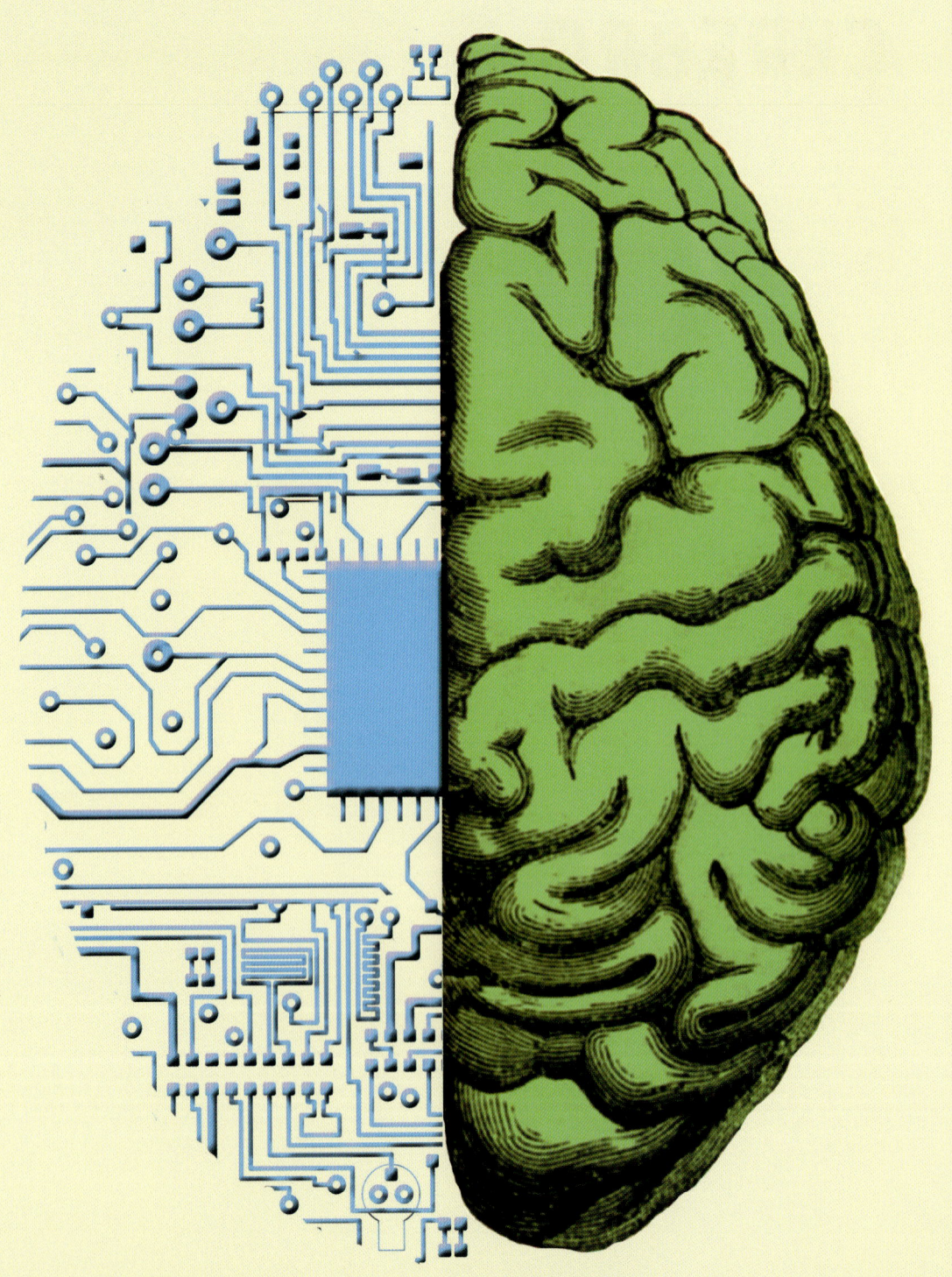

CÉREBRO

50 conceitos e ideias fundamentais explicados de forma clara e rápida

Editor
Anil Seth

Prefácio
Chris Frith

Colaboradores
Anil Seth
Christian Jarrett
Daniel Bor
Jamie Ward
Michael O'Shea
Ryota Kanai
Tristan Bekinschtein

Ilustrações
Ivan Hissey

PubliFolha

Título original: *30-Second Brain*
Publicado originalmente no Reino Unido em 2014 pela Icon Books Ltd,
Omnibus Business Centre, 39-41 North Road, N7 9DP, Londres, Inglaterra.
Copyright © 2014 Ivy Press Limited
Copyright © 2018 Publifolha Editora Ltda.

Todos os direitos reservados. Nenhuma parte desta obra pode ser reproduzida, arquivada ou transmitida de nenhuma forma ou por nenhum meio sem a permissão expressa e por escrito da Publifolha Editora Ltda.

Proibida a comercialização fora do território brasileiro.

Coordenação do projeto Publifolha
Editora-assistente Fabiana Grazioli Medina
Coordenadora de produção gráfica Mariana Metidieri

Produção editorial Página Viva
Edição Carlos Tranjan
Tradução Tácia Soares
Revisão Laura Victal
Consultoria João Pedro Gammardella Rizzi (sextanista da Faculdade
    de Medicina da Universidade de São Paulo)

Edição original Ivy Press
Diretor de criação Peter Bridgewater
Publisher Jason Hook
Diretora editorial Caroline Earle
Diretor de arte Michael Whitehead
Designer Ginny Zeal
Pesquisa iconográfica Jamie Pumfrey
Ilustrações Ivan Hissey
Editor convidado Anil Seth
Prefácio Chris Frith
Textos dos perfis Viv Croot
Textos dos glossários Anil Seth
Colaboradores Anil Seth, Christian Jarrett, Daniel Bor, Jamie Ward,
    Michael O'Shea, Ryota Kanai, Tristan Bekinschtein

Dados Internacionais de Catalogação na Publicação (CIP)
(Câmara Brasileira do Livro, SP, Brasil)

Cérebro : 50 conceitos e ideias fundamentais explicados de forma clara e rápida / editor Anil Seth ; prefácio por Chris Frith ; ilustrações Ivan Hissey ; [tradução Tácia Soares]. -- São Paulo : Publifolha, 2018. -- (50 conceitos)

Vários colaboradores.
Título original: 30-Second Brain.
Bibliografia.
ISBN 978-85-94111-13-5

1. Cérebro - Obras populares 2. Neurociência cognitiva - Obras populares I. Seth, Anil. II. Frith, Chris. III. Série.

18-14287   CDD-612.8233

Índices para catálogo sistemático:
    1. Neurociência cognitiva : Medicina 612.8233

Este livro segue as regras do Acordo Ortográfico da Língua Portuguesa (1990), em vigor desde 1º de janeiro de 2009.

Impresso na China.

PubliFolha
Divisão de Publicações do Grupo Folha
Al. Barão de Limeira, 401, 6º andar
CEP 01202-900, São Paulo, SP
www.publifolha.com.br

SUMÁRIO

6 Prefácio
8 Introdução

12 Composição do cérebro
14 GLOSSÁRIO
16 Neurônios e células da glia
18 Neurotransmissores e receptores
20 Neurogenética
22 Perfil: Santiago Ramón y Cajal
24 A arquitetura básica do cérebro
26 O cerebelo
28 O cérebro em desenvolvimento
30 A evolução do cérebro

32 Teorias cerebrais
34 GLOSSÁRIO
36 A localização das funções
38 Aprendizado hebbiano
40 Redes neurais
42 O código neural
44 Perfil: Donald Hebb
46 Oscilações cerebrais
48 Darwinismo neural
50 O cérebro bayesiano

52 Mapeamento do cérebro
54 GLOSSÁRIO
56 Neuropsicologia
58 Neuroimagem
60 O conectoma humano
62 Optogenética
64 Perfil: Wilder Penfield
66 Estado de repouso
68 Lado esquerdo vs. lado direito
70 Estimulação cerebral

72 Consciência
74 GLOSSÁRIO
76 O problema difícil
78 Sono e sonho
80 Perfil: Francis Crick
82 Correlatos neurais da consciência
84 Consciência corporal
86 Consciência e integração
88 Volição, intenção e livre-arbítrio
90 O cérebro anestesiado
92 Coma e o estado vegetativo

94 Percepção e ação
96 GLOSSÁRIO
98 Por que vemos cores
100 Visão cega
102 Sinestesia
104 Substituição sensorial
106 Atenção seletiva
108 Coordenação entre olho e mão
110 Perfil: Oliver Sacks
112 Síndrome da mão alienígena

114 Cognição e emoção
116 GLOSSÁRIO
118 Memória
120 Emoção
122 Imaginação
124 Perfil: Paul Broca
126 Linguagem
128 Metacognição
130 Tomada de decisões
132 Neurônios-espelho

134 O desenvolvimento do cérebro
136 GLOSSÁRIO
138 Neurogênese e neuroplasticidade
140 Treinamento cerebral
142 A personalidade do cérebro
144 O envelhecimento do cérebro
146 Doença de Parkinson
148 Perfil: Roger Sperry
150 Esquizofrenia
152 Meditação

154 Fontes de informação
156 Sobre os colaboradores
158 Índice
160 Agradecimentos

PREFÁCIO
por Chris Frith

O cérebro humano é a entidade mais complexa que conhecemos. Ele contém ao menos 90 bilhões de neurônios (células nervosas), sendo cada um deles, em si, um elaborado processador de informações que interage com cerca de mil outros neurônios. Compreender esse nível de complexidade não é tarefa fácil.

Nosso entendimento do cérebro humano ainda está em um nível primário. A identificação do neurônio como sua unidade básica ocorreu há apenas cem anos. No início, o progresso dependia do estudo de cérebros danificados. Somente nos últimos 25 anos foi possível observar a estrutura e a função cerebral em voluntários saudáveis. As imagens altamente detalhadas obtidas por meio da ressonância magnética, com suas manchas de coloração brilhante, causaram um impacto considerável. O cérebro humano tornou-se a imagem mais acionada na mídia, ao lado de artigos sobre "o que nosso cérebro pode nos ensinar" ou "os contornos da mente".

A pesquisa sobre o cérebro começa a atrair grandes investimentos. Está previsto que o projeto Brain Activity Map (BAM) receba 3 bilhões de dólares do governo norte-americano ao longo dos próximos dez anos. Espera-se que a investigação detalhada do cérebro humano tenha um retorno equivalente àquele alcançado pelo projeto genoma humano e possibilite a melhor compreensão de distúrbios mentais como o autismo e a esquizofrenia.

Um dos aspectos mais interessantes do estudo do cérebro humano são as questões filosóficas decorrentes. A mente depende do cérebro. Sem ele, não conseguiríamos pensar, sentir ou imaginar. Ainda assim, sentimo-nos desconfortáveis com tal conexão. Seríamos simplesmente o produto da atividade elétrica em nosso cérebro? Como pode a experiência subjetiva emergir da atividade cerebral?

As teorias de como o cérebro funciona são ainda bastante primitivas. Alguns pensam se tratar de um enigma sem solução, afinal seria o cérebro humano tentando decifrar a si mesmo. Então, poderia algo tão complexo ser compreendido apenas por uma entidade ainda mais superior? Acredito que esse problema seja mais aparente do que real. Explico o motivo. Uma das

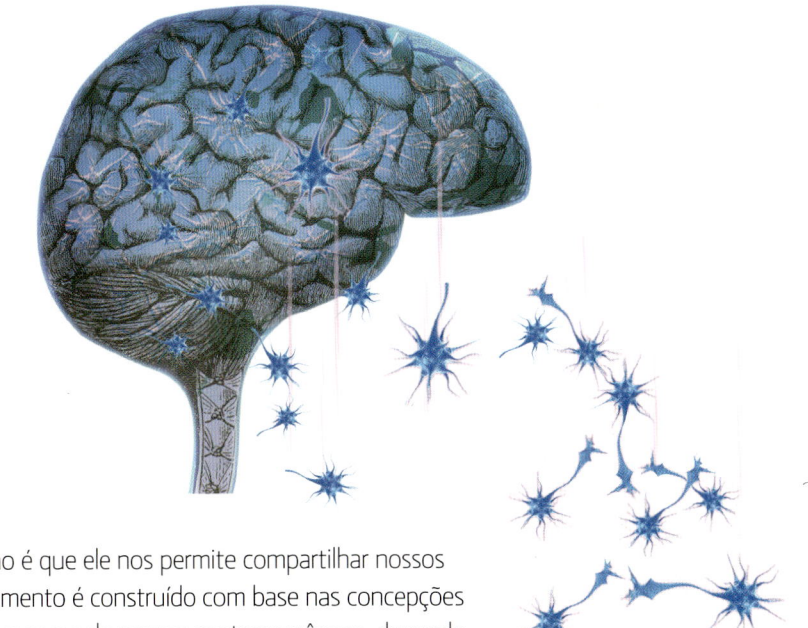

Rede sofisticada
O cérebro é estimulado por uma rede de 90 bilhões de neurônios. Neurocientistas estão apenas começando a compreender como sua atividade relaciona-se ao que acontece na mente.

maravilhas do cérebro humano é que ele nos permite compartilhar nossos pensamentos. Nosso conhecimento é construído com base nas concepções de nossos antepassados, assim como de nossos contemporâneos, de modo que transcende em muito as habilidades de um único cérebro. Destinamos muito pouca atenção aos efeitos trazidos pela cultura e pela colaboração.

Pense em outro animal altamente sociável – a abelha. Seu cérebro pesa 1 miligrama e contém só 1 milhão de neurônios. Ainda assim, esse pequeno órgão permite que as abelhas aprendam sobre o mundo e se comuniquem realizando sua dança característica. Mais impressionante é o que as abelhas alcançam por meio da colaboração. Segundo relatos de especialistas, um enxame pode decidir em grupo sobre o melhor local para uma nova colmeia.

Estudos recentes sugerem que o modo como as abelhas interagem para tomar uma decisão é similar àquele pelo qual os neurônios humanos interagem para a mesma finalidade. Essa comparação mostra como a habilidade do cérebro humano é superior à do cérebro das abelhas. Mas também me faz pensar o que os humanos poderiam conquistar se agissem em grupo.

Um grupo de abelhas trabalhando em colaboração pode demonstrar habilidades semelhantes às de um único cérebro humano. Imagine uma entidade contendo o poder de vários cérebros humanos em interação. Nós criamos um sistema assim sempre que interagimos. E o melhor exemplo da potência de tal sistema está na prática da ciência. É por ela que conseguiremos desvendar os mistérios do cérebro. Este livro revela quão interessante essa jornada será.

INTRODUÇÃO
Anil Seth

Entender como o cérebro funciona é uma de nossas maiores missões científicas. Esse desafio difere bastante de outras frentes da ciência. Não se trata do bizarro mundo das grandezas mínimas, no qual partículas da física quântica podem existir e não existir ao mesmo tempo, ou das absurdas dimensões de tempo e espaço contempladas pela astronomia. O cérebro humano é, em certo sentido, um objeto prosaico: com o tamanho e o formato aproximados de uma couve-flor, pesa cerca de 1,36 kg e tem textura similar à do tofu. É a complexidade do cérebro, no entanto, que o torna tão formidável e difícil de compreender. Há tantas conexões no cérebro de um ser humano padrão que se você contasse uma delas por segundo levaria 3 milhões de anos para terminar.

Diante dessa perspectiva aterradora, pode-se pensar que mais vale desistir e dedicar-se à jardinagem. Mas o cérebro não pode ser ignorado. Com a expectativa de vida cada vez maior, aumenta também o número de pessoas que sofrem – ou sofrerão – de condições neurodegenerativas, como doença de Alzheimer, e de distúrbios psiquiátricos, como depressão e esquizofrenia. Tratamentos mais eficientes para tais problemas dependem de uma melhor compreensão das intrincadas redes cerebrais.

Mais fundamentalmente, o cérebro nos intriga porque define quem somos. Não é só uma máquina de pensar. Hipócrates, o pai da medicina ocidental, reconheceu-o séculos atrás: "Os homens deveriam saber que alegrias, prazeres, risadas e gracejos, assim como tristezas, pesares, melancolias e lamentações, vêm apenas do cérebro". Mais recentemente, Francis Crick – um dos maiores biólogos de nosso tempo (veja a biografia na p. 80) – expôs a mesma ideia: "Você, suas alegrias e tristezas, memórias e ambições, seu senso de identidade pessoal e livre-arbítrio são nada mais do que o comportamento de um vasto grupo de células nervosas e as moléculas a elas associadas". E, de modo talvez menos controverso, mas tão importante quanto, o cérebro é também responsável pela maneira como percebemos o mundo e como nos portamos nele. Então, entender o cérebro é entender a nós mesmos e nossa posição na sociedade e na natureza.

Mais do que uma máquina
O cérebro é um complexo e intrincado mecanismo de processamento de informações – não somente de fatos indiscutíveis, mas também de como nos movemos, sentimos, rimos e choramos. Os neurocientistas estão sempre fazendo descobertas sobre o funcionamento interno do cérebro.

Mas como começar? Após um início humilde, a neurociência é hoje um vasto empreendimento que envolve cientistas de várias disciplinas e quase todos os países do mundo. A reunião anual da Society for Neuroscience atrai mais de 20 mil (e às vezes mais de 30 mil) neurocientistas. Ninguém – mesmo que tivesse um cérebro excepcional – conseguiria acompanhar todo o progresso dessa enorme área sempre em evolução. Felizmente, como em todo campo da ciência, na base de toda essa complexidade há algumas ideias-chave que ajudam nosso entendimento. E é aí que este livro pode ser útil.

Como este livro funciona

Nas próximas páginas, eminentes neurocientistas e escritores vão apresentar os 50 conceitos da neurociência mais interessantes e modernos, em linguagem acessível. Para começar, em **Composição do cérebro** aprenderemos sobre os componentes básicos e a estrutura desse órgão, além de traçar a história desde sua origem (e antes disso) e ao longo da evolução. O capítulo **Teorias cerebrais** introduzirá algumas das ideias mais promissoras sobre como os bilhões de células nervosas (neurônios) do cérebro funcionam em colaboração. **Mapeamento do cérebro** mostrará como as novas tecnologias permitem descrever a intrincada estrutura e os padrões de atividade cerebrais. Em **Consciência**, abordaremos a misteriosa relação entre o cérebro e a experiência consciente – como o funcionamento dos neurônios transforma-se na experiência subjetiva de ser você mesmo, aqui, agora, lendo estas palavras? Nos capítulos seguintes, **Percepção e ação** e **Cognição e emoção**, exploraremos como o cérebro possibilita essas importantes funções, tanto consciente quanto inconscientemente. Enfim, no último capítulo – **O desenvolvimento do cérebro** – veremos algumas das ideias recentes sobre como o cérebro muda sua estrutura e função ao longo da vida, em indivíduos saudáveis ou doentes.

Leia o livro como preferir: em ordem ou conforme se interessar por um capítulo. Cada um dos 50 conceitos está resumido em um texto principal conciso, acessível e envolvente. Para ter uma ideia geral do que ele trata, há também a seção "Onda cerebral", enquanto "Brainstorm" traz conteúdo extra que incita à reflexão do tema em questão. Além disso, há minibiografias de cientistas que ajudaram a transformar a neurociência no que ela é hoje. Glossários no início de cada capítulo explicam os termos mais importantes utilizados. Acima de tudo, porém, espero deixar claro que a ciência cerebral está dando apenas os primeiros passos. São tempos de descobertas empolgantes, e é hora de fazer a substância cinzenta funcionar.

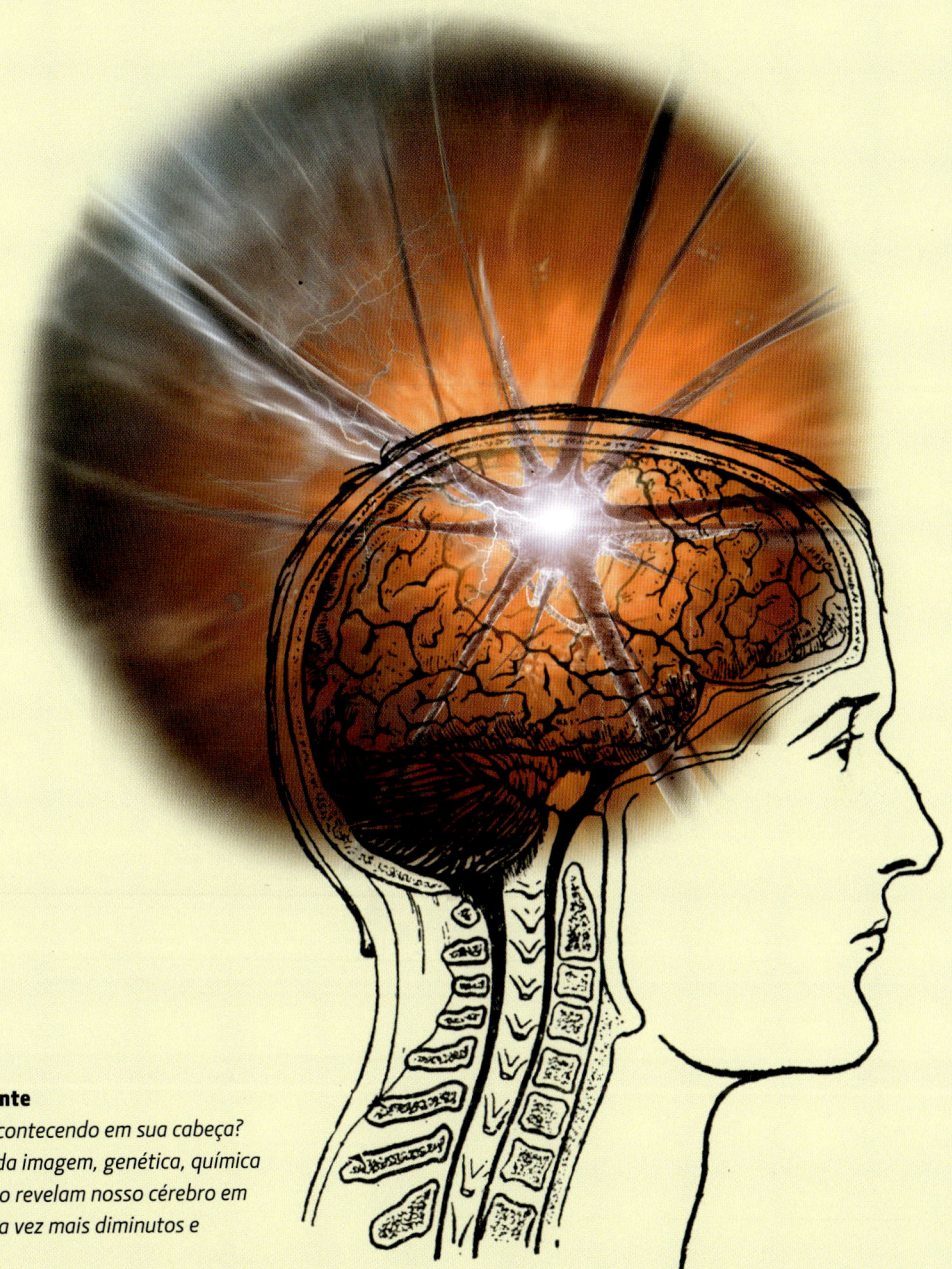

Abra sua mente
O que está acontecendo em sua cabeça? Tecnologias da imagem, genética, química e computação revelam nosso cérebro em detalhes cada vez mais diminutos e em cores.

COMPOSIÇÃO DO CÉREBRO

COMPOSIÇÃO DO CÉREBRO
GLOSSÁRIO

axônio Prolongamento fino que se estende do corpo (soma) de um neurônio e transmite suas informações na forma de um impulso nervoso (potencial de ação), permitindo a comunicação com outros neurônios. Cada neurônio tem no máximo um axônio. Os axônios tipicamente se dividem em várias ramificações antes de se conectar aos dendritos de outros neurônios.

células de Purkinje Encontrados exclusivamente no cerebelo, esses neurônios estão entre os maiores do cérebro e possuem estruturas dendríticas elaboradamente ramificadas. Proporcionam alto controle inibitório sobre emissores do cerebelo, permitindo sofisticada coordenação motora e correção de erros.

córtex cerebral Camada mais externa do cérebro, com diversos sulcos. Corresponde a cerca de dois terços do volume cerebral e é dividido nos hemisférios esquerdo e direito, que acomodam a maior parte da "substância cinzenta" (assim chamada por causa da falta de mielina, que faz outras partes do cérebro parecerem brancas). O córtex cerebral é separado em lobos, e cada um deles desempenha funções diferentes, entre elas a percepção, o pensamento, a linguagem, a ação e outros processos cognitivos "superiores", como a tomada de decisões.

dendrito Prolongamento de recepção de estímulos do neurônio, organizado em complexos padrões ramificados. Cada neurônio tem muitos dendritos, que fazem contato com os axônios de outros neurônios via sinapses. Os dendritos transmitem os sinais recebidos para o corpo (soma) do neurônio, que então produzirá uma resposta própria.

hipocampo Área em formato de cavalo-marinho no interior dos lobos temporais. Está associada à formação e consolidação de memórias; também dá apoio à navegação espacial. Danos à área podem causar amnésia severa, sobretudo no caso de memórias episódicas (autobiográficas).

lobos frontais Uma das quatro principais divisões do córtex cerebral e a mais desenvolvida em humanos em comparação com outros animais. Os lobos frontais (um para cada hemisfério) abrigam áreas associadas a tomada de decisões, planejamento, memória, ação voluntária e personalidade.

lobos occipitais Outra das quatro principais divisões do córtex cerebral, os lobos occipitais ficam na parte posterior do cérebro e abrigam regiões relacionadas sobretudo à visão. Danos podem resultar em cegueira ou deficiências visuais mais específicas.

lobos parietais A terceira grande divisão do córtex cerebral. Os lobos parietais ficam acima dos lobos occipitais e atrás dos lobos frontais. Estão intimamente relacionados à integração de informações provindas dos diferentes sentidos. O córtex parietal é essencial para organizar nossa experiência de espaço e posição e desempenha papel fundamental nos processos de atenção.

lobos temporais A última das quatro principais divisões do córtex cerebral. Esses lobos encontram-se na parte inferior lateral de cada hemisfério e estão altamente relacionados ao reconhecimento de objetos, à formação e ao armazenamento de memórias e à linguagem. O hipocampo fica na parte medial desses lobos (o lobo temporal medial).

mielinização Processo pelo qual o axônio de um neurônio é recoberto por mielina, que tanto o isola de outros axônios próximos quanto aumenta consideravelmente a velocidade dos impulsos nervosos que o percorrem. A mielinização depende das células da glia e é essencial para a transmissão eficiente de informações no cérebro.

sinapses São as conexões entre neurônios, ligando o axônio de um ao dendrito de outro. As sinapses garantem que os neurônios fiquem fisicamente separados um do outro, de modo que o cérebro não seja uma engrenagem em contínuo funcionamento. A comunicação por meio das sinapses pode ocorrer quimicamente via neurotransmissores ou eletricamente.

sistema olfatório Uma das partes mais antigas do cérebro em termos de evolução. Sustenta o sentido do olfato e é menos desenvolvido em humanos do que em muitos outros animais. Sinais de células sensoriais olfativas no nariz são transmitidos ao bulbo olfatório no interior do cérebro. A olfação e o paladar se distinguem dos outros sentidos por responderem a estímulos químicos.

tálamo Centro (núcleos) de neurônios que fica sobre o tronco cerebral e tem o formato e o tamanho aproximados de uma noz. Os núcleos talâmicos são altamente interconectados a áreas específicas do córtex cerebral, e acredita-se que funcionem como áreas sensoriais retransmissoras, conectando receptores sensoriais (exceto a olfação) com o córtex.

tronco cerebral Pequena área na base do cérebro, entre a medula espinhal e o restante do cérebro. Também chamado de tronco encefálico. Controla várias funções básicas vitais do corpo, como respiração, deglutição e regulação da pressão arterial. Devido ao grande número de vias nervosas que passam pelo tronco cerebral, danos a essa área podem ter efeitos consideráveis.

NEURÔNIOS E CÉLULAS DA GLIA

Os neurônios são as células que processam informações no cérebro. Há entre 90 e 100 bilhões deles, e ainda assim nenhum tem a menor ideia de quem você é. Mas, de alguma forma, ao se comunicarem entre si por meio de uma rede com bilhões de interconexões, eles conseguem fazer emergir sua autoconsciência. Os neurônios recebem mensagens de outros neurônios no soma (corpo) e em suas extensões curtas – os dendritos – por meio de estruturas especializadas chamadas sinapses. Mensagens são enviadas a outros neurônios via prolongamentos finos e compridos – os axônios – em padrões codificados de impulsos elétricos (ou nervosos). Cada impulso tem cerca de 0,1 volt e dura entre 1 e 2 milésimos de segundo, percorrendo os axônios a até 480 km/h. Ao chegar a uma sinapse, o impulso causa a liberação de mediadores químicos chamados neurotransmissores, que alteram o padrão dos impulsos gerados pelo neurônio receptor. E é basicamente assim que o cérebro funciona. Quer dizer, não exatamente. Os neurônios só trabalham de maneira adequada se estiverem banhados na mistura química ideal. As células da glia, que numericamente superam os neurônios em 50:1, mantêm essa condição. Elas os ajudam a se conectar no cérebro em desenvolvimento, os nutrem no órgão adulto, isolam os axônios, reciclam neurotransmissores usados, eliminam células mortas e protegem o cérebro de infecções. São verdadeiras heroínas não reconhecidas.

ONDA CEREBRAL
Há 4 km de interconexões de rede neuronal concentrados em cada milímetro cúbico de substância cinzenta.

BRAINSTORM
O cérebro corresponde a apenas 2% do peso corporal, mas consome 20% de suas necessidades energéticas diárias. Exercitar o cérebro é energeticamente custoso. Apesar disso, conforme os humanos evoluíram desde 2 milhões de anos atrás, a parte mais ativa do córtex cerebral rapidamente triplicou de tamanho. Grande parte do custo adicional por desenvolver nossas excepcionais habilidades cognitivas é consumida por uma única enzima que recarrega as baterias que alimentam os impulsos nervosos elétricos.

TEMAS RELACIONADOS
NEUROTRANSMISSORES E RECEPTORES
p. 18

REDES NEURAIS
p. 40

DADOS BIOGRÁFICOS
SANTIAGO RAMÓN Y CAJAL
1852-1934
Anatomista que definiu os componentes celulares da atividade mental

WALTHER NERNST
1864-1941
Seu trabalho teórico explicou como a voltagem é gerada pelas células

BERNARD KATZ
1911-2003
Propôs a hipótese quantal/vesicular de liberação de neurotransmissores

Textos por Michael O'Shea

Para cada poderoso neurônio trabalhando na rede, há 50 humildes, mas essenciais, células da glia mantendo o ambiente neural.

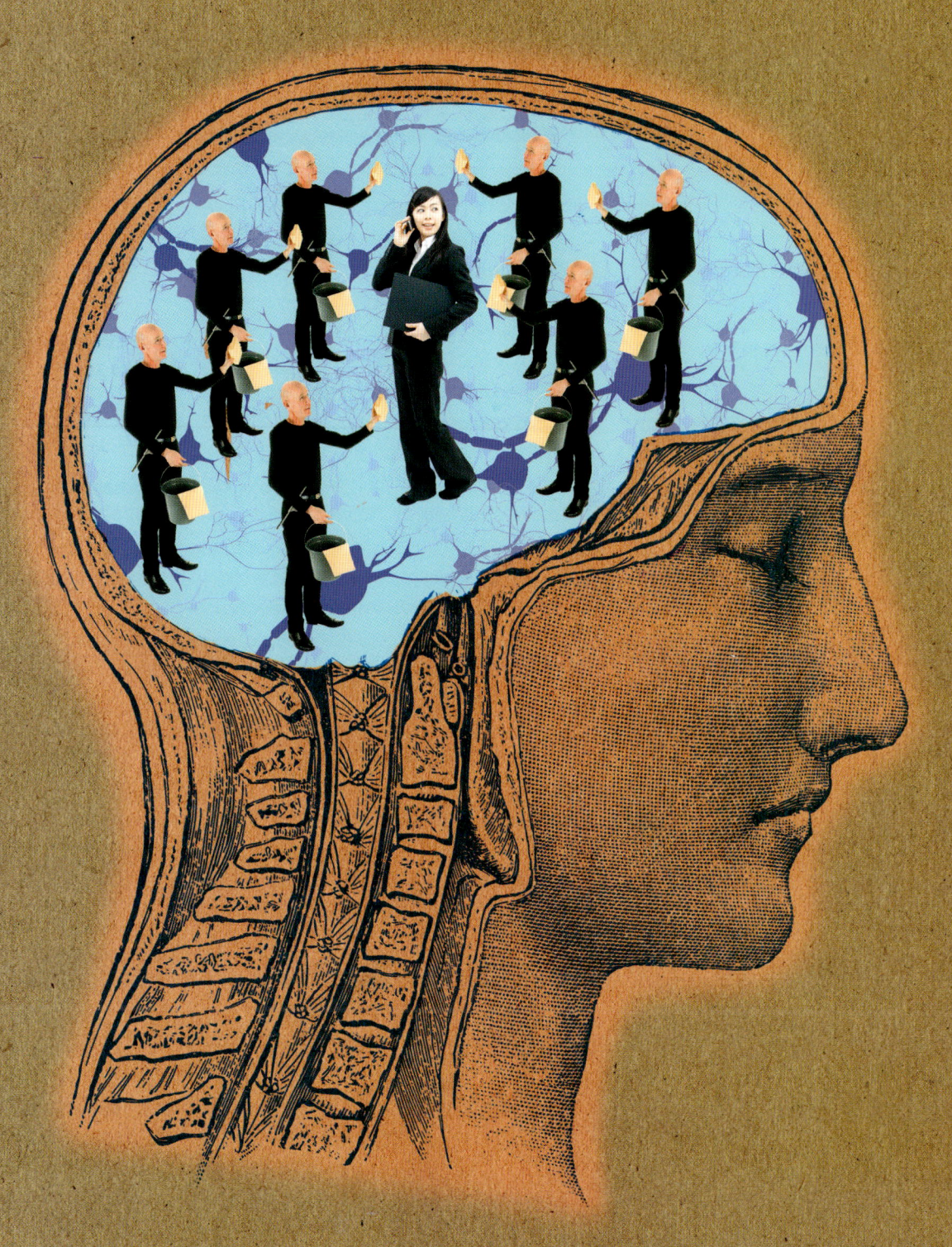

NEUROTRANSMISSORES E RECEPTORES

Neurotransmissores conduzem sinais entre neurônios, brevemente instigando ou inibindo sua atividade elétrica. São liberados quando impulsos nervosos chegam às sinapses. Eles variam de moléculas muito pequenas ou compostos médios até moléculas gigantes chamadas peptídios. São armazenados em minúsculas esferas – as vesículas sinápticas. Os impulsos levam as vesículas a liberarem seu conteúdo na fenda sináptica entre os neurônios emissores e os receptores. Neurotransmissores liberados agem ligando-se a proteínas receptoras, sendo que cada uma destas tem afinidade com apenas um tipo de neurotransmissor específico. Há inúmeros tipos de neurotransmissores e ainda mais tipos de receptores. Por que tantos? Afinal, se os neurotransmissores atuam em apenas duas funções simples – excitação e inibição –, com certeza dois tipos e seus respectivos receptores seriam o suficiente, não? As coisas não são tão simples assim. Muitos neurotransmissores não causam a rápida excitação ou inibição, mas, sim, iniciam processos metabólicos lentos nos neurônios, provocando alterações duradouras na intensidade das conexões sinápticas. Eles também podem ativar ou desativar genes importantes, que possibilitam mudanças persistentes nas propriedades neuronais e sinápticas. As memórias dependeriam dessas mudanças no cérebro? Provavelmente, mas estamos muito distantes de compreender por completo a complexa linguagem química cerebral.

ONDA CEREBRAL
Neurônios ativos liberam neurotransmissores que acionam receptores em outros neurônios para que mudem o fluxo de informações no cérebro em curto, médio e longo prazo.

BRAINSTORM
O óxido nítrico (NO), um gás venenoso, é um neurotransmissor pouco convencional. Ele não pode ser armazenado nas vesículas, por isso é liberado conforme é produzido dentro de neurônios ativos especializados. O NO então dispersa-se por porções do cérebro, onde pode afetar muitos neurônios receptores sem que eles estejam conectados ao neurônio transmissor. Essa sinalização "não sináptica" é importante na formação da memória de longo prazo.

TEMA RELACIONADO
NEURÔNIOS E CÉLULAS DA GLIA
p. 16

DADOS BIOGRÁFICOS
OTTO LOEWI
1873-1961
Primeiro a mostrar que um nervo estimulado libera uma substância que tem efeito psicológico

HENRY DALE
1875-1968
Mais famoso pelo chamado Princípio de Dale – que postula que todas as sinapses de um único neurônio liberam os mesmos neurotransmissores

BERNARD KATZ
1911-2003
Propôs a hipótese quantal/vesicular de liberação de neurotransmissores

Textos por Michael O'Shea

Enquanto você decidia se pedia pizza ou hambúrguer, uma sofisticada performance de sinalizações químicas ocorria em seu cérebro.

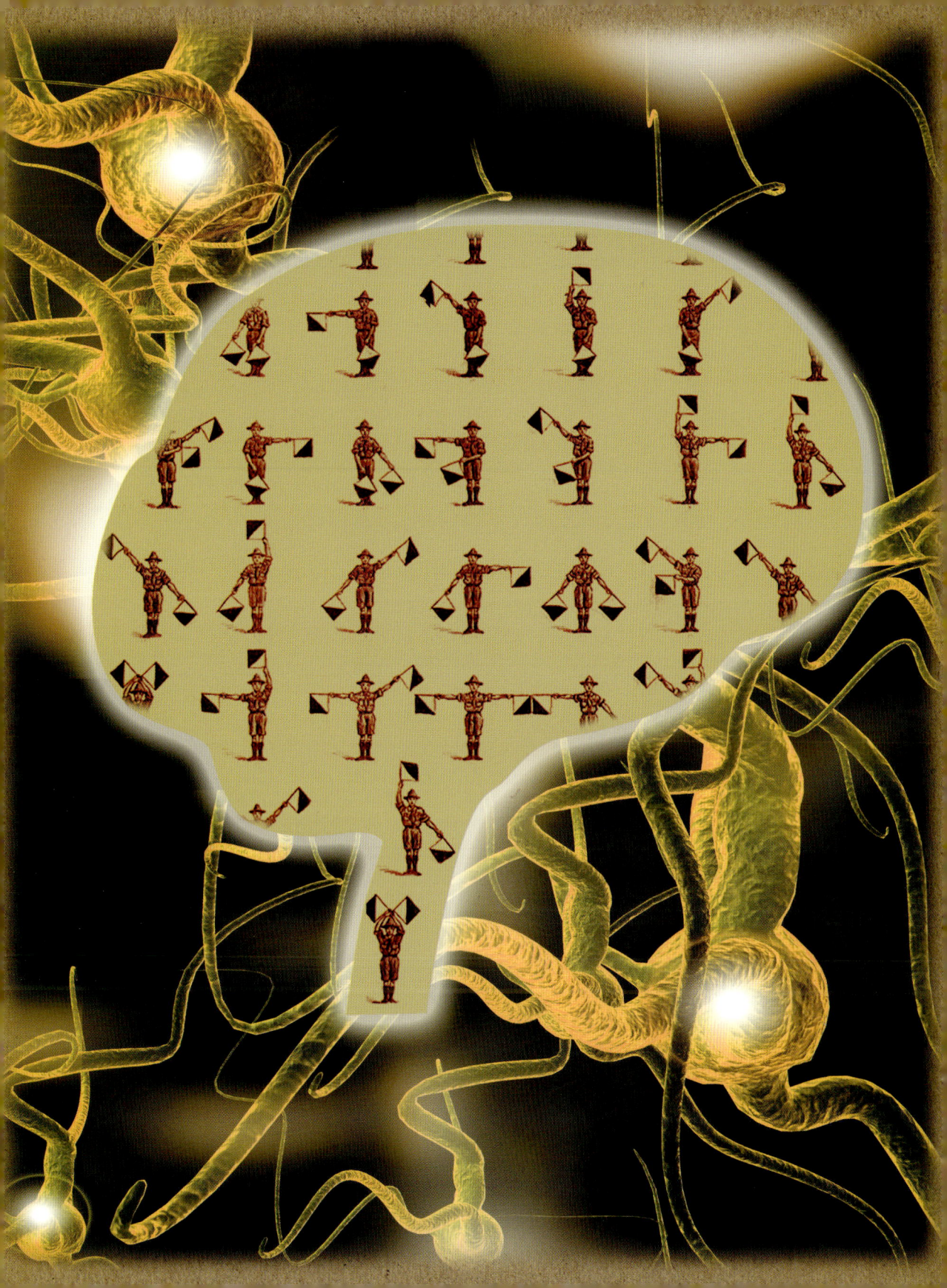

NEUROGENÉTICA

Um gene é um conjunto de instruções em DNA para produzir uma proteína. Há cerca de 22 mil genes no genoma humano. Embora as proteínas sejam as chaves de funcionamento dos neurônios, nenhuma célula depende de todos os 22 mil genes. Então os neurônios, assim como outras células, ativam apenas os genes necessários para suas funções. Conforme essas exigências mudam, diferentes genes são ativados ou desativados. Esse padrão alterável de genes ativos é particularmente notável e importante no funcionamento das sinapses, porque alterar as conexões em circuitos neurais nos permite aprender com as experiências. Pense em um circuito neural que detecta um estímulo sensorial potencialmente ameaçador. Se a ameaça persiste, serão requeridas conexões de circuito reforçadas para sustentar e aumentar a vigilância. Para isso, sinais são despachados da linha de frente dos neurônios – as sinapses – para seu núcleo central, e lá o DNA recebe ordem de ativar o gene necessário. Então, recém-produzidas proteínas reforçadoras de sinapses afluem para as próprias sinapses que as encomendaram. Assim, é certo que os genes afetam a função cerebral, mas o fato de que eles podem ser influenciados por seu ambiente liberta nosso comportamento de um determinismo genético rígido, já que o maquinário genético do cérebro é capaz de adaptar suas respostas às circunstâncias diversas.

ONDA CEREBRAL
O cérebro usa 70% de nossos 22 mil genes. Os que afetam a função sináptica são particularmente importantes, porque sua atividade pode ser regulada pela experiência.

BRAINSTORM
Os genes têm um papel importante nos distúrbios mentais e comportamentais, como autismo, TDAH (transtorno de déficit de atenção com hiperatividade), depressão, bipolaridade e esquizofrenia. De fato, apesar de essas condições serem consideradas clinicamente distintas, estudo recente sugere que compartilham fatores de risco genéticos. A identificação de causas genéticas em comum de um leque de distúrbios psiquiátricos pode levar à descoberta de um mecanismo molecular subjacente aos distúrbios mentais. Isso representaria grande avanço no desenvolvimento de medicamentos preventivos.

TEMAS RELACIONADOS
NEURÔNIOS E CÉLULAS DA GLIA
p. 16

A EVOLUÇÃO DO CÉREBRO
p. 30

ESQUIZOFRENIA
p. 150

DADOS BIOGRÁFICOS
FRANCIS CRICK e
JAMES WATSON
1916-2004 e 1928-
Premiados com o Nobel em 1962 por determinar a estrutura do DNA e sugerir como este codifica e replica a informação genética

Textos por Michael O'Shea

Neurônios ativam ou desativam genes para encomendar material proteico quando preciso; é como um serviço de pronta-entrega, mas funciona.

1º de maio de 1852
Nasce em Petilla de Aragón, Espanha

1873
Gradua-se na escola de medicina da Universidade de Zaragoza

1874-75
Serve como médico do exército, acompanhando expedição para Cuba

1883
É nomeado para a cátedra de anatomia da Universidade de Valência

1888-1894
Publica *Revista Trimestral de Histología Normal y Patológica*, resultados de seu sistemático estudo histológico do sistema nervoso

1888
Constata que os axônios terminam livremente e descobre a existência de espinhas dendríticas em dendritos neurais

1891
É promulgada sua teoria da individualidade da célula nervosa

1892
É publicado seu estudo "Lei da Polarização Dinâmica"

1901
É nomeado diretor do Laboratório de Pesquisa Biológica, que se tornaria o Instituto Cajal em 1922

1906
Divide o Prêmio Nobel de Fisiologia ou Medicina com Camillo Golgi, por seu trabalho sobre a estrutura do sistema nervoso

17 de outubro de 1934
Morre em Madri

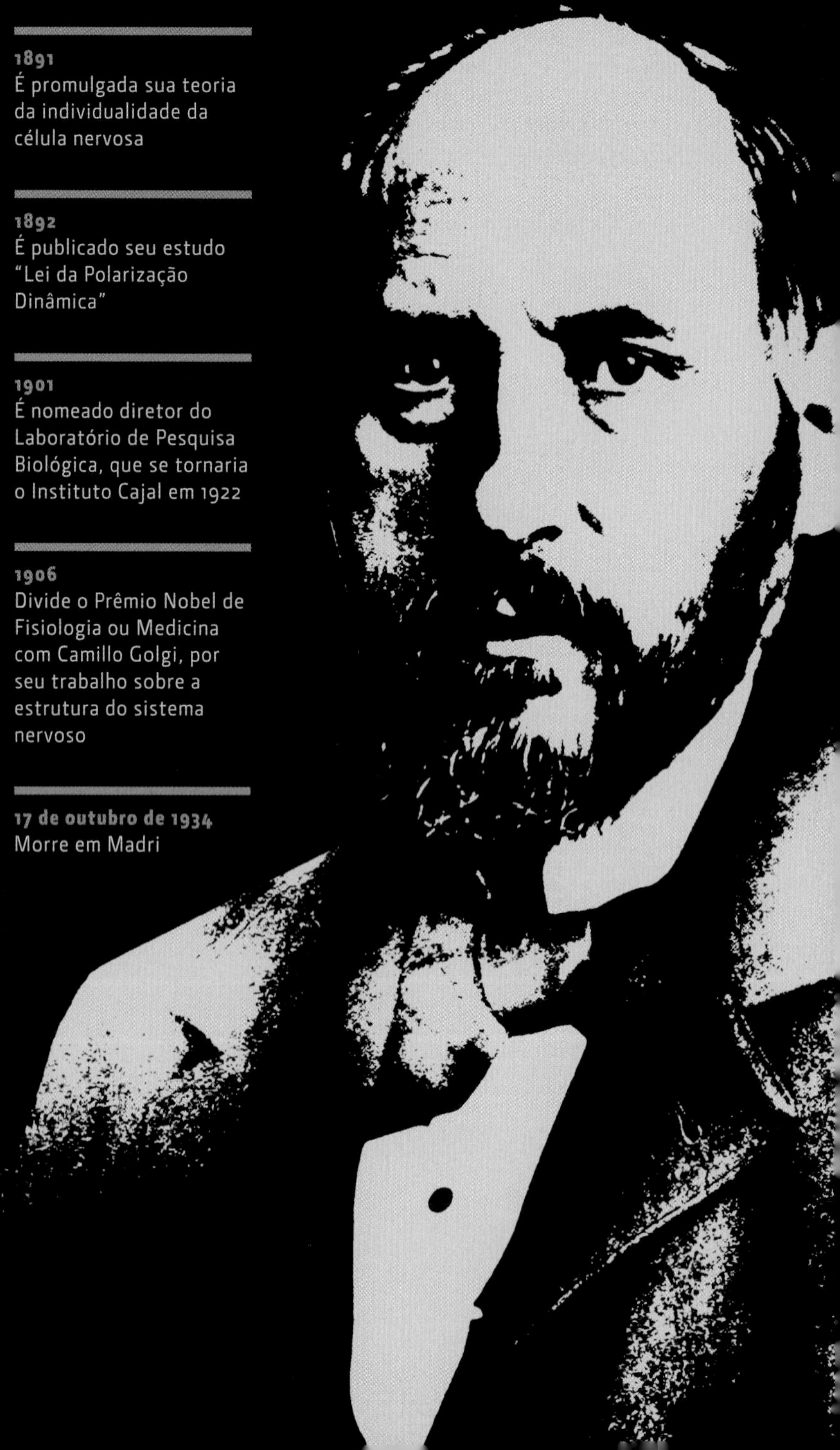

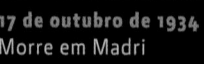

SANTIAGO RAMÓN Y CAJAL

Considerado por muitos como o criador da neurobiologia moderna, Cajal quando jovem esforçou-se para se manter fora do ramo da medicina. Ele queria ser artista, mas seu pai (professor de dissecação) definiu que seria médico. Após sofridas, mas educativas, experiências como aprendiz de sapateiro e barbeiro, Cajal obteve sua licença médica e aderiu ao negócio familiar, mais tarde sendo nomeado professor de anatomia em Valência.

Ele manteve a prática de desenhar, fazendo vários estudos anatômicos, e provavelmente foi graças ao olho artístico que alcançou sua maior descoberta científica. Quando, em 1887, então na Universidade de Barcelona, ele observou as impecáveis lâminas de microscópio de células cerebrais coradas do médico italiano Camillo Golgi, viu algo que ninguém mais foi capaz de ver. Até a ocasião, o pensamento padrão postulava que o sistema nervoso era uma estrutura única reticulada (em formato de rede) sem componentes celulares distintos (neurônios). Cajal percebeu, porém, que as imagens de Golgi mostravam claramente que o sistema nervoso era uma rede de componentes celulares distintos. Essa interpretação correta e crucial permitiu que os neurônios fossem considerados as unidades funcionais do cérebro – agentes livres que podiam formar inúmeras ligações sinápticas, cada uma delas passível de alterações, possibilitando assim o crescimento e a adaptação. Cajal estudou esse fenômeno recém-descoberto por quatro anos, identificando também as chamadas "espinhas dendríticas" – pequenas saliências membranosas nos prolongamentos receptores de um neurônio que tipicamente recebem informações de uma única sinapse. Ele utilizou suas habilidades artísticas para fazer desenhos meticulosos e então publicou as descobertas em sua obra-prima, a *Revista Trimestral de Histología Normal y Patológica*, que teve um impacto na comunidade científica similar ao de *A origem das espécies*, de Charles Darwin.

Ao prover uma descrição acurada da função e do mecanismo de um neurônio, Cajal revolucionou o modo como a neurociência trabalhava e abriu caminho para a formulação da doutrina do neurônio proposta pelo anatomista alemão Heinrich von Waldeyer-Hartz. Atuou como escritor e colaborador prodigioso de periódicos médicos. Foi gratificado com inúmeros prêmios, inclusive o Nobel de Fisiologia ou Medicina em 1906, que dividiu com Golgi. Também encontrou tempo para trabalhar em outras áreas da medicina, notavelmente com o câncer, e para fundar seu próprio instituto de pesquisa em Madri. A despeito da abrangência de suas conquistas, Cajal será sempre reconhecido principalmente por desenredar o neurônio de sua suposta rede.

A ARQUITETURA BÁSICA DO CÉREBRO

ONDA CEREBRAL
O cérebro pode ser dividido grosseiramente em três partes básicas: o córtex externo; o diencéfalo, incluindo o tálamo; e o tronco cerebral.

BRAINSTORM
Hoje em dia parece óbvio que o cérebro seja a fonte do pensamento, mas nem sempre foi assim. Mesmo após a importância desse órgão ser demonstrada por Galeno no século II d.C., mil anos se passaram para que tal postulação fosse universalmente aceita. Escrevendo no não tão distante século XVII, o filósofo inglês Henry More dizia que o cérebro humano tinha tanto potencial para pensar quanto "uma tigela de coalhada".

Imagine que você tem em mãos um cérebro humano adulto padrão, que pesa algo em torno de 1,4 kg. A camada mais exterior, de textura esponjosa, é o córtex. Observe o padrão aparentemente aleatório dos sulcos na superfície e verá linhas mais profundas. Essas linhas marcam as divisões entre os principais lobos do córtex: os frontais, os temporais (próximos às orelhas), os parietais (no topo da cabeça) e os occipitais (na parte posterior). Analise a parte de baixo do cérebro e notará o tronco cerebral, responsável por regular as funções mais básicas de sustento à vida, entre elas a respiração e o batimento cardíaco. Repare também no vizinho cerebelo, que tem o formato de uma couve-flor. Em um ser humano vivo, o tronco cerebral estaria conectado à medula espinhal, dessa forma interligando o cérebro ao restante do corpo. Agora, experimente afastar os dois hemisférios de seu objeto de estudo para revelar as estruturas internas, inclusive o topo do tronco cerebral, conhecido como mesencéfalo. Sobre ele há um modelo em formato de ovo, que é o tálamo – a estação de retransmissão do cérebro. Quase toda informação sensorial detectada chega primeiro ali para depois ser enviada ao córtex. Na linguagem anatômica tradicional, o tronco cerebral é o metencéfalo, o tálamo é uma parte do diencéfalo, e o córtex é o telencéfalo.

TEMAS RELACIONADOS
NEURÔNIOS E CÉLULAS DA GLIA
p. 16

O CEREBELO
p. 26

O CÉREBRO EM DESENVOLVIMENTO
p. 28

A LOCALIZAÇÃO DAS FUNÇÕES
p. 36

LADO ESQUERDO *VS.* LADO DIREITO
p. 68

DADOS BIOGRÁFICOS
GALENO
129-c. 210/216 d.C.
O "príncipe dos médicos", reconhecido por fornecer a primeira demonstração da importância do cérebro no comportamento

Textos por Christian Jarrett

Planejamento para o cérebro: uma unidade compacta multifuncional construída para responder instantaneamente a mudanças ambientais; organicamente abastecido.

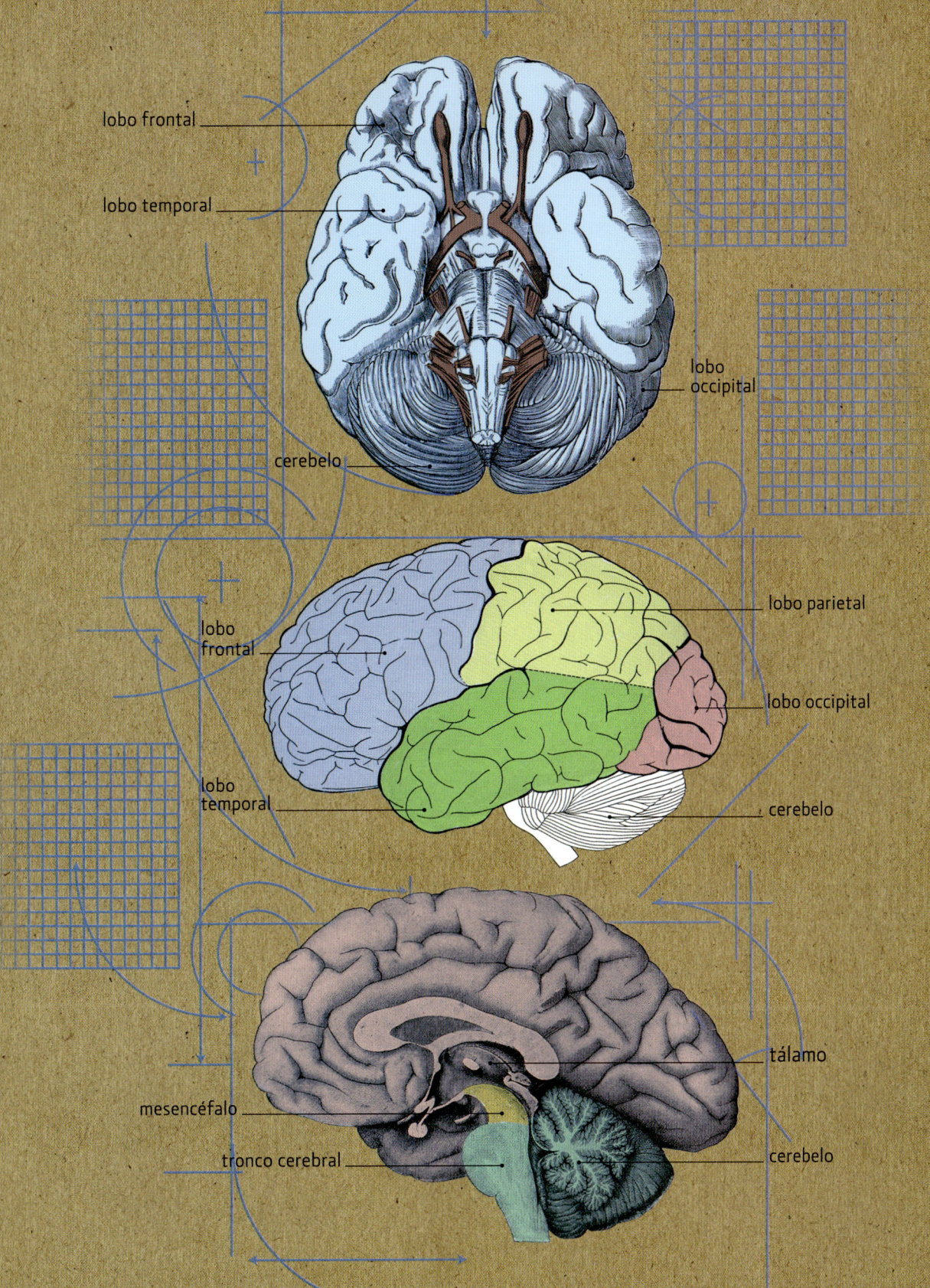

O CEREBELO

Localizado na parte posterior

do cérebro está um segundo "pequeno cérebro" (significado literal da palavra): o cerebelo, cujo formato lembra uma couve-flor em miniatura. Densamente ocupado por células, ele responde por apenas 10% do volume do cérebro e ainda assim contém cerca de metade dos neurônios presentes em todo o sistema nervoso central. Como o cérebro, o cerebelo é composto por dois hemisférios, porém aqui eles são unidos por uma estrutura estreita chamada vérmis (de origem latina, a palavra significa literalmente "verme"). Além disso, em comum com o córtex cerebral, o altamente convoluto córtex cerebelar é constituído de substância branca em suas partes mais profundas e de substância cinzenta próximo à superfície. O cerebelo contém inúmeras e intrincadamente ramificadas células de Purkinje, que são encontradas apenas nessa estrutura cerebral. Desde ao menos o início do século XIX, os neurocientistas reconheceram o importante papel desempenhado pelo cerebelo no controle do movimento e da postura. Anormalidades em seu funcionamento, causadas por doenças hereditárias e danos cerebrais ou pelo efeito do álcool, resultam em dificuldades para caminhar e em uma descoordenação geral no movimento. Nos últimos anos, nosso conhecimento do cerebelo sofreu uma revolução – ele estaria relacionado não apenas ao controle motor, mas também a memória, humor, linguagem e atenção.

ONDA CEREBRAL
O cerebelo, ou "pequeno cérebro", é densamente ocupado por neurônios e tem como principal função o controle motor e a coordenação, apesar de hoje sabermos que ele faz muito mais que isso.

BRAINSTORM
O cerebelo é responsável pelo fato de sermos incapazes de fazer cócegas em nós mesmos. Além de calcular os movimentos necessários para realizar uma ação desejada (o chamado "modelo inverso"), outro papel do cerebelo é criar predições ("modelos prospectivos") das prováveis consequências sensoriais de nossas ações e, se for o caso, cancelá-las. Fazer cócegas em si mesmo não funciona por causa desse processo (ver também p. 150).

TEMAS RELACIONADOS
A ARQUITETURA BÁSICA DO CÉREBRO
p. 24

COORDENAÇÃO ENTRE OLHO E MÃO
p. 108

DADOS BIOGRÁFICOS
JAN EVANGELISTA PURKINJE
1787-1869
Descreveu as intrincadamente ramificadas células de Purkinje, que hoje levam seu nome

SANTIAGO RAMÓN Y CAJAL
1852-1934
Usou técnicas revolucionárias para revelar a estrutura celular fundamental do cerebelo

MASAO ITO
1928-
Pioneiro em caracterizar os circuitos funcionais do cerebelo

Textos por Christian Jarrett

Incapaz de andar de monociclo com os olhos vendados em uma corda bamba? A culpa é de seu cerebelo.

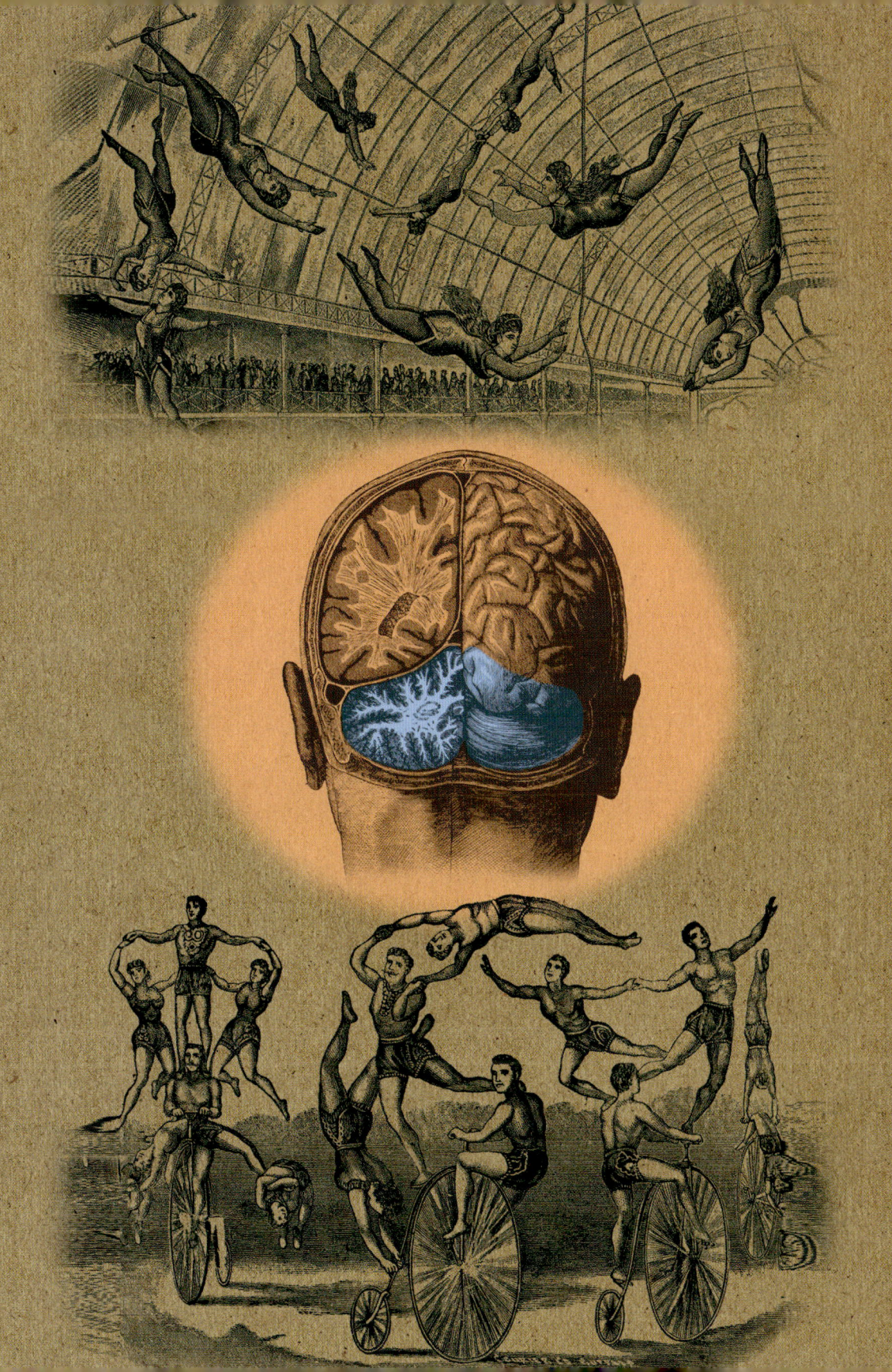

O CÉREBRO EM DESENVOLVIMENTO

O cérebro se desenvolve a partir de um tubo oco formado pela pele do embrião inicial. As células se multiplicam mais rapidamente na parte da frente do tubo, que depois se alarga, transformando-se no cérebro embrionário. Células recém-produzidas tornam-se neurônios imaturos. Quando o embrião completa cerca de quatro semanas, eles migram para seus respectivos destinos, desenvolvendo dendritos e axônios e formando as primeiras do que serão trilhões de conexões sinápticas. Não há um plano para essas interconexões – o cérebro embrionário gera um excesso de neurônios e sinapses, permitindo que a competição e as interações com o ambiente modelem os circuitos funcionais. Cerca de metade dos neurônios embrionários morrerão, após falharem em criar conexões úteis. Alguns dos sobreviventes – envolvidos na transmissão de informações a longas distâncias – terão seus axônios isolados por células da glia, no processo da mielinização, que aumenta a velocidade e a qualidade da transmissão de informações. Até recentemente, pensava-se que o desenvolvimento do cérebro se completava na primeira infância. Na verdade, o volume de substância cinzenta aumenta gradualmente durante essa fase, atinge um pico no início da adolescência e diminui conforme o indivíduo se torna adulto. Essa "redução" do volume cerebral parece estranha, mas reflete a capacidade do cérebro de se adaptar ao ambiente, eliminando as sinapses desnecessárias e fortalecendo as úteis (ou assim queremos crer!).

ONDA CEREBRAL
As propriedades do cérebro são mantidas por mecanismos dinâmicos e adaptáveis que se originam no embrião, mas continuam a operar após o nascimento e até a idade adulta.

BRAINSTORM
O desenvolvimento do cérebro é caracterizado por uma convergência de influências genéticas (natureza) e ambientais (criação). A má compreensão da interação entre elas leva a questões como: *"Esse ou aquele aspecto se deve à natureza ou à criação?"*. Porém, é errado apresentar a questão em termos de "um ou outro". O genoma não contém informação suficiente para criar sozinho um cérebro, então os genes evoluíram para conseguir explorar informações provindas do ambiente – que são essenciais para desenvolver redes neuronais sofisticadas.

TEMAS RELACIONADOS
NEURÔNIOS E CÉLULAS DA GLIA
p. 16

DARWINISMO NEURAL
p. 48

NEUROGÊNESE E NEUROPLASTICIDADE
p. 138

DADOS BIOGRÁFICOS
RITA LEVI-MONTALCINI
1909-2012
Ganhou o Nobel em 1986 por descobrir o "fator de crescimento neural" (com Stanley Cohen), composto químico essencial para o desenvolvimento neural

ROGER SPERRY
1913-1994
Ganhou o Nobel em 1981. Comprovou que sinais químicos proveem os mecanismos básicos para conectar o cérebro

Textos por Michael O'Shea

Você não está perdendo células cerebrais, está eliminando o excesso para revelar uma máquina de pensar precisa, enxuta e hábil.

A EVOLUÇÃO DO CÉREBRO

A origem dos cérebros pode ser identificada na história dos seres vivos há cerca de 1 bilhão de anos, com o surgimento dos primeiros organismos multicelulares. Suas células precisavam se comunicar entre si, então foram desenvolvidas redes neurais – espécie de protocérebro difuso, ainda hoje encontrado em algumas criaturas, como a água-viva. Eventos geológicos e climáticos posteriores proporcionaram novos ambientes e desafios que incentivaram maior evolução do cérebro, incluindo a emergência de grupos de neurônios especializados para tarefas exclusivas. É complicado determinar quando esses centros neuronais se conectaram para formar o primeiro cérebro, mas sabemos que cerca de meio bilhão de anos atrás os ancestrais dos atuais vertebrados – que se pareciam com peixes – tinham estruturas similares ao cérebro. Observando o reino animal hoje, podemos ver como a pressão evolutiva forçou o surgimento de vários tipos de cérebro. A mosca-das-frutas, por exemplo, não possui um córtex, mas, sim, grandes lobos antenais e corpúsculos destinados a processar cheiros. O rato tem amplas áreas de córtex voltadas ao processamento de informações obtidas por seus bigodes. Os peixes trazem um avolumado cerebelo, estrutura relacionada ao movimento. Há várias teorias do que teria causado a massiva expansão do cérebro humano, entre elas o bipedalismo (que liberou as mãos para o uso de ferramentas), a formação de grupos sociais maiores e a criação da linguagem.

ONDA CEREBRAL
Os cérebros começaram a se desenvolver há milhões de anos, permitindo aos organismos buscar e responder ao mundo exterior de modo cada vez mais sofisticado e flexível.

BRAINSTORM
Um debate recorrente é se o cérebro humano continua em evolução. Evidências genéticas publicadas em 2005 sugerem que sim. Uma equipe da Universidade de Chicago identificou duas versões de genes envolvidos no desenvolvimento do cérebro que surgiram em períodos relativamente recentes da história humana – o microcefalina e o ASPM. O primeiro apareceu há cerca de 37 mil anos, o outro, há aproximadamente 5.800. Sua contínua e rápida propagação pela população sugere que eles oferecem alguma vantagem.

TEMAS RELACIONADOS
NEURÔNIOS E CÉLULAS DA GLIA
p. 16

NEUROGENÉTICA
p. 20

O CEREBELO
p. 26

O CÉREBRO EM DESENVOLVIMENTO
p. 28

Textos por Christian Jarrett

O cérebro humano está em constante estado de aprimoramento para conseguir lidar com o bipedalismo, os polegares opositores e a insaciável vontade de mandar mensagens.

TEORIAS CEREBRAIS

TEORIAS CEREBRAIS
GLOSSÁRIO

cerebelo É o "pequeno cérebro" em formato de couve-flor localizado na base do cérebro. Em geral é associado ao controle de precisão, acurácia e fluidez dos movimentos, mas hoje se sabe que ele também desempenha um papel importante nos processos cognitivos. Surpreendentemente, o cerebelo contém mais neurônios que o restante do cérebro.

codificação preditiva Popular implementação da hipótese do cérebro bayesiano, segundo a qual o cérebro mantém modelos preditivos das causas externas dos estímulos sensoriais recebidos e atualiza tais modelos de acordo com uma versão do teorema de Bayes. A codificação preditiva baseia-se nas ideias de Hermann von Helmholtz, que concebia a percepção como uma forma de inferência.

condicionamento Processo de aprendizado pelo qual um evento se torna associado a uma consequência, direcionando a uma mudança no comportamento. Existem vários tipos de condicionamento – os mais conhecidos são o "clássico" e o "instrumental" (ou "operante"). No clássico, um estímulo ambiental (como um som agudo) torna-se associado a uma consequência (como o fornecimento de comida), levando a um novo comportamento (como salivação e/ou aproximação) em relação ao som. No condicionamento instrumental, uma associação é estabelecida entre uma ação (por exemplo, acionar uma alavanca) e uma consequência (como receber comida), ocasionando uma maior propensão a acionar a alavanca.

conexionismo Abordagem teórica que enfatiza como redes neuronais interconectadas podem aprender por meio de simples regras locais aplicadas entre pares de neurônios. Trata-se tanto de um modelo de funcionamento do cérebro como um método no âmbito da inteligência artificial.

frenologia Essa teoria hoje desacreditada propõe que a variação individual quanto a habilidades mentais e características de personalidade pode ser inferida de acordo com diferenças no formato do crânio.

hipersincronia Um estado hipersincrônico no cérebro ocorre quando os níveis de sincronia entre neurônios excedem os limites normais, de modo que grandes partes do cérebro começam a se ativar e desativar ao mesmo tempo. Essas "tempestades elétricas" estão associadas a crises epilépticas.

neurônios As unidades básicas do cérebro. Desempenham as operações cerebrais fundamentais, recebendo informações de outros neurônios via dendritos e – conforme o padrão ou a intensidade do estímulo recebido – emitindo ou não um estímulo nervoso de resposta. Há vários tipos de neurônios, mas (quase) todos possuem dendritos, um corpo (soma) e um único axônio.

reentrada Em termos de estrutura cerebral, a reentrada descreve um padrão de conexões em que uma área A liga-se a uma área B, e B é reciprocamente conectada a A. Em termos de dinâmica, a conectividade reentrante implica que sinais neurais fluem em ambas as direções entre as duas áreas. A reentrada deve ser diferenciada do termo "feedback", que em geral é utilizado para descrever o processamento de sinais de erro.

sinapse São as conexões entre neurônios, ligando o axônio de um ao dendrito de outro. As sinapses garantem que os neurônios fiquem fisicamente separados um do outro, de modo que o cérebro não seja uma engrenagem em contínuo funcionamento. A comunicação por meio das sinapses pode ocorrer quimicamente via neurotransmissores ou eletricamente.

sincronia Na neurociência, sincronia descreve a atividade correlata de neurônios individuais. Neurônios em sincronia disparam impulsos (potenciais de ação) ao mesmo tempo, o que pode aumentar seu impacto sobre outros neurônios visados por ambos. Acredita-se que a sincronia neuronal esteja na base de vários processos relacionados à percepção e à atenção.

teorema de Bayes Um dos pilares da teoria da probabilidade, fornece um meio de atualizar crenças à luz de novas evidências. Batizado em homenagem ao reverendo Thomas Bayes, o teorema expressa a probabilidade que devemos esperar, à luz de nova evidência, para a ocorrência de um evento, relacionando-a à probabilidade da evidência tomada isoladamente, do evento tomado isoladamente e, finalmente, da evidência caso estivéssemos seguros do evento. O teorema de Bayes despertou muita controvérsia, pois uma de suas interpretações fala em crenças e estimativas *a priori* para os eventos. Hoje, porém, é considerada básica em estatística e tem se tornado cada vez mais influente como metáfora para possíveis mecanismos de funcionamento do cérebro.

A LOCALIZAÇÃO DAS FUNÇÕES

Como cartógrafos da mente, os cientistas do século XIX começaram a mapear a *terra incognita* do cérebro. Franz Gall, fundador da frenologia, propôs que diferentes partes do cérebro produziam protuberâncias no crânio conforme a variação individual em termos de habilidade e personalidade mental. Hoje está comprovado o equívoco de sua teoria, mas as questões subjacentes a suas ideias permanecem: a memória, a linguagem, a atenção, a emoção e a percepção dependeriam de áreas cerebrais específicas ou seriam funções cognitivas distribuídas por todo o cérebro? A principal maneira de testar essa ideia era a "ablação", ou seja, a destruição de certa área cerebral em um animal (ou a análise de pessoas com lesões cerebrais específicas). Enquanto no caso dos humanos parece haver evidências que sustentam a localização das funções, em outros animais isso é menos claro. Karl Lashley treinou ratos para se movimentarem por um labirinto e testou seu comportamento após danificar partes específicas do cérebro das cobaias. Ele descobriu que a redução na performance dependia mais da quantidade de tecido cerebral prejudicado do que da localização afetada em si. Isso o levou a defender a ideia de "ação de massa no cérebro", que postulava que o córtex cerebral age "como um todo" em muitos tipos diferentes de aprendizado. O consenso moderno é que, enquanto muitas funções são de fato associadas a determinadas partes do cérebro, toda função depende de interações em redes altamente distribuídas que envolvem diversas regiões.

ONDA CEREBRAL
As funções cognitivas não são totalmente localizadas nem distribuídas por todo o cérebro – cada uma depende de uma complexa e específica rede de regiões cerebrais interativas.

BRAINSTORM
A questão não é *onde* ocorre uma função cognitiva no cérebro, e sim *quais os* mecanismos subjacentes e as redes interativas mais importantes que a sustentam. Neurocientistas descobriram que, apesar de claramente haver especialização funcional no cérebro, essas áreas não atuam sozinhas – é melhor concebê-las como grandes centros em complexas redes interconectadas. Por exemplo, o medo, no cérebro, depende da amígdala cerebral – se a área for removida, a pessoa se torna destemida –, mas são de fato as conexões e a rede estendida da amígdala cerebral que permitem que sintamos medo.

TEMAS RELACIONADOS
A ARQUITETURA BÁSICA DO CÉREBRO
p. 24

NEUROPSICOLOGIA
p. 56

NEUROIMAGEM
p. 58

O CONECTOMA HUMANO
p. 60

DADOS BIOGRÁFICOS
FRANZ GALL
1758-1828
Fundador da frenologia

KARL LASHLEY
1890-1958
Defensor de ideias como "ação de massa" e "equipotencialidade" no cérebro

Textos por Tristan Bekinschtein

A impressão de um artista sobre as redes locais no cérebro – agora você sabe como ratos de laboratório em um labirinto se sentem. Vai ter queijo para quem encontrar a saída.

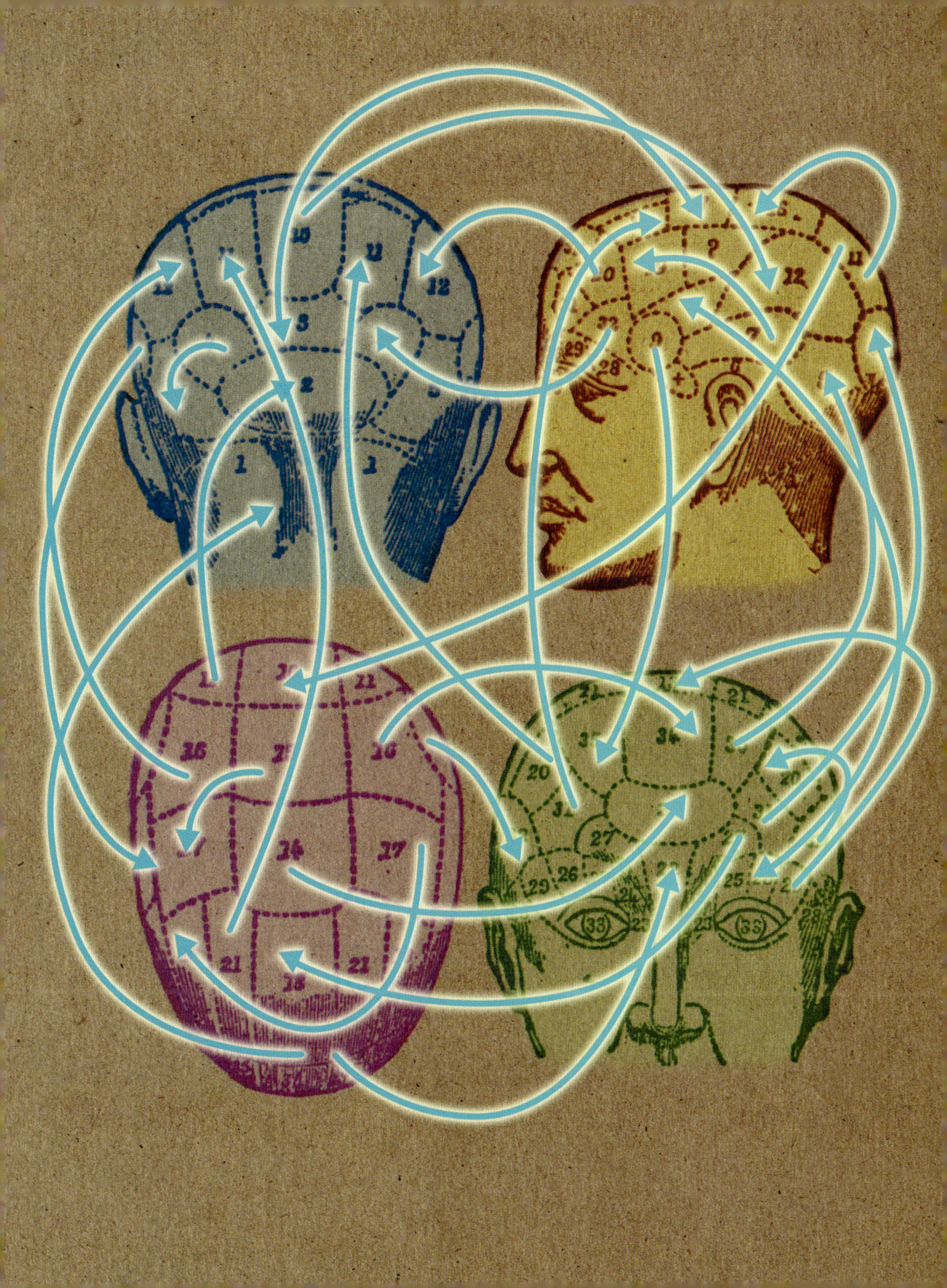

APRENDIZADO HEBBIANO

O que acontece no cérebro

quando aprendemos algo? Como as mudanças nos neurônios e nas sinapses levam à formação de novas memórias? Nos idos de 1949, Donald Hebb especulou que o aprendizado e a memória talvez dependessem de um processo simples no qual "neurônios que disparam juntos ficam juntos". Pense nisso como um rastro, como pegadas deixadas na neve, que ficam mais profundas a cada vez que dois neurônios se comunicam. No passado, a teoria de Hebb era aplicada a experimentos de condicionamento idealizados por Ivan Pavlov. Por exemplo, determinado neurônio no cérebro de uma abelha é ativado quando a abelha recebe açúcar, fazendo com que ela alongue sua língua (probóscide). Se introduzirmos um aroma de limão antes de dar açúcar para a abelha e repetirmos isso várias vezes, ela vai começar a esticar a língua quando sentir o aroma de limão, mesmo se o açúcar não for oferecido. O neurônio em questão agora é ativado apenas pelo aroma: o aprendizado hebbiano intensificou as conexões entre esses neurônios e outros que respondem a aromas de limão. A força da ideia de Hebb é a evidência de que o aprendizado altera as conexões entre dois neurônios em nível molecular. Agora, imagine que você aprende uma nova palavra. Você estará criando conexões nas redes linguísticas de seu cérebro pelo aprendizado hebbiano.

ONDA CEREBRAL
O que acontece quando aprendemos algo? "Neurônios que disparam juntos ficam juntos."

BRAINSTORM
O espaço entre dois neurônios é chamado de fenda sináptica. Os neurotransmissores que usam essa pequena fenda como ponte podem fazer com que o primeiro neurônio ative ou iniba o segundo. O aprendizado funciona como uma combinação desses dois tipos de comunicação. Com base nisso, evidências de aprendizado foram encontradas até mesmo em lesmas-do-mar. Nesse caso, o mecanismo molecular envolve glutamato (um neurotransmissor) liberado pelo primeiro neurônio, que então atravessa a fenda e conecta-se aos receptores do segundo neurônio, que por sua vez disponibiliza mais receptores para a próxima vez que o glutamato chegar.

TEMAS RELACIONADOS
REDES NEURAIS
p. 40

O CÓDIGO NEURAL
p. 42

MEMÓRIA
p. 118

DADOS BIOGRÁFICOS
IVAN PAVLOV
1849-1936
Desenvolveu o conceito de condicionamento, provavelmente um mecanismo inerente a quase toda forma de aprendizado

DONALD HEBB
1904-1985
Propôs um mecanismo de aprendizado nos neurônios

Textos por Tristan Bekinschtein

Em um experimento de aprendizado hebbiano, as abelhas esticam a língua quando sentem o aroma de limão, porque seus neurônios aprenderam que o açúcar virá em seguida.

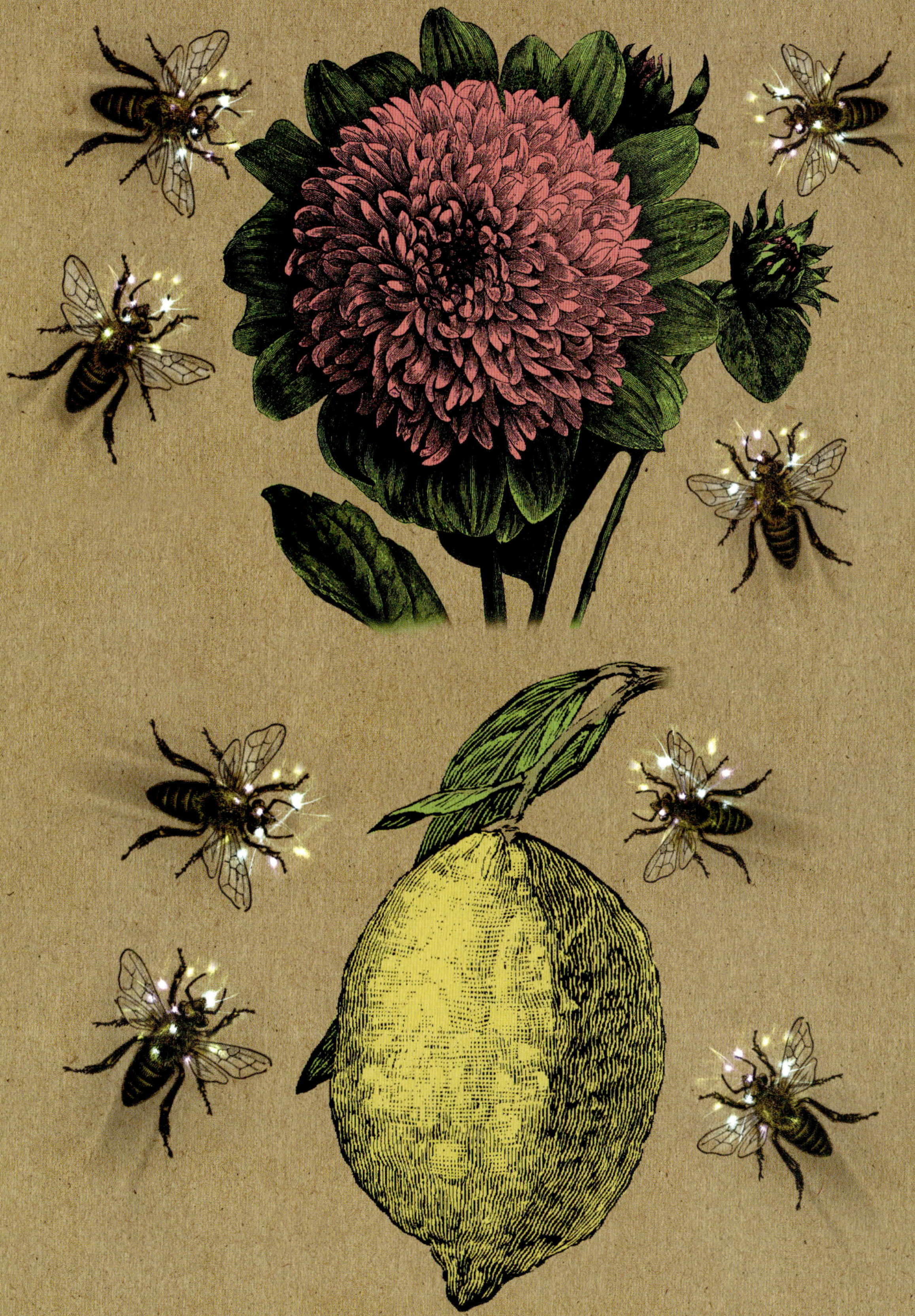

REDES NEURAIS

Imagine um computador que pode pensar como nós. Agora, faça com que os circuitos dele trabalhem como redes de neurônios, originando processos emergentes que baseiem a percepção, os pensamentos e as ações. Esse é o objetivo da neurociência computacional, e, apesar de ainda estar fora de alcance, a perspectiva de redes neurais influenciou bastante as teorias acerca do funcionamento cerebral. Em 1890, William James propôs que nossos pensamentos são um produto da interação entre neurônios, mas essa era uma ideia de difícil comprovação na época. Seguindo uma abordagem mais formal, em 1943 Warren McCulloch e Walter Pitts criaram um modelo matemático de um único neurônio com dispositivos de entrada e saída, o qual formou a base das primeiras redes neurais artificiais. Nos anos 1970, foram criadas matrizes matemáticas de neurônios artificiais que começaram a imitar mecanismos de um cérebro biológico. Essas "redes conexionistas" possuíam algoritmos de aprendizado em seu núcleo e podiam solucionar problemas complexos de reconhecimento de padrões. Esses dispositivos não apenas ajudaram os cientistas a entender como o cérebro talvez funcione, como também levam até hoje a novas tecnologias de inspiração biológica. Essa visão conduz à implicação-chave de que a informação não é representada localmente no cérebro, e sim distribuída por todas as conexões da rede. A meta agora é inventar novas arquiteturas de rede neural que simulem ainda mais o cérebro humano.

ONDA CEREBRAL
Redes de neurônios artificiais são capazes de um comportamento de aprendizado complexo semelhante ao de cérebros biológicos. Mas mais pesquisa é necessária antes que possam realmente pensar, aprender e talvez até sentir.

BRAINSTORM
O aprendizado de máquinas via redes neurais foi uma grande conquista para a inteligência artificial. Formas avançadas de aprendizado de máquinas permitem aos computadores identificar padrões e classificar dados sem serem programados especificamente para isso. Recentemente, Geoffrey Hinton, pioneiro dessa área, comprovou que organizar múltiplas redes neurais hierarquicamente (a "aprendizagem profunda") é útil na compreensão de conceitos complexos a partir de dados não classificados. Algo como o aprendizado profundo pode estar ocorrendo no cérebro.

TEMAS RELACIONADOS
A LOCALIZAÇÃO DAS FUNÇÕES
p. 36

APRENDIZADO HEBBIANO
p. 38

O CÉREBRO BAYESIANO
p. 50

DADOS BIOGRÁFICOS
WARREN STURGIS
MCCULLOCH e WALTER PITTS
1898-1969 e 1923-1969
Comprovaram matematicamente que redes neurais artificiais podem implementar funções lógicas, aritméticas e simbólicas

DAVID RUMELHART e
JAMES MCCLELLAND
1942-2011 e 1948-
Criaram o primeiro modelo com regras formais, que se tornou a estrutura básica para a maioria dos modelos conexionistas

Textos por Tristan Bekinschtein

À esquerda, uma rede de neurônios artificial impecável; à direita, uma esponja cheia de água, açúcar e gordura. Qual é mais inteligente?

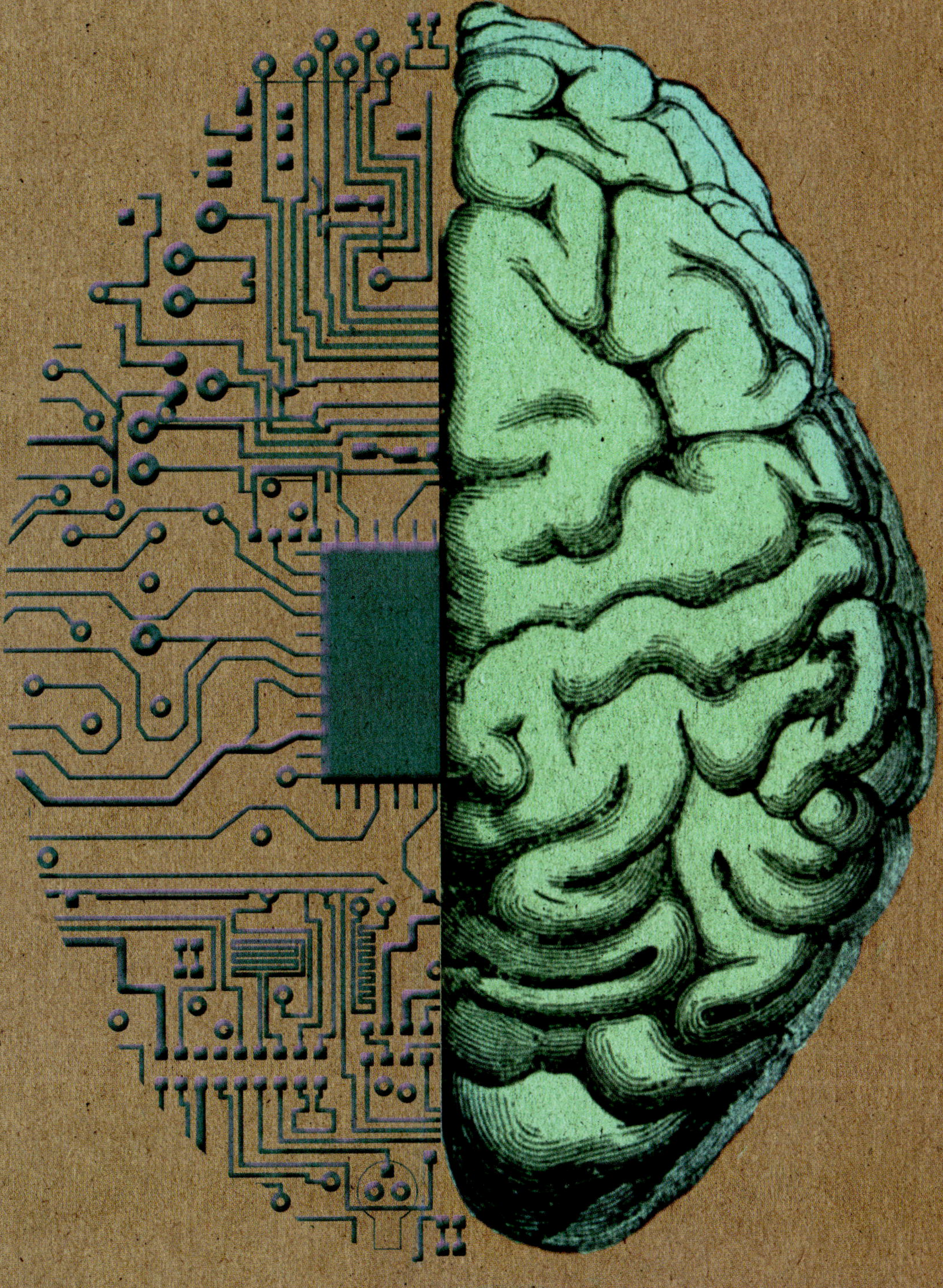

O CÓDIGO NEURAL

Como um grupo de neurônios

consegue sentir uma mudança no mundo, transformar isso em informação e transmiti-la a outras redes neurais para gerar percepção e comportamento? Em primeiro lugar, é importante saber que o cérebro não tem apenas uma linguagem, e sim várias, como uma Torre de Babel neuronal. Para complicar mais, é possível que existam diferentes linguagens em diferentes níveis: neurônios, conjuntos (grupos de neurônios) e o cérebro inteiro. Por exemplo, a leitura simultânea da atividade elétrica de um grupo de neurônios no córtex motor de um macaco mostra que a simples soma das diferentes vozes dos neurônios não explica claramente a trajetória do movimento do braço do macaco. Mas observar a atividade geral de toda a população de neurônios, sim, codifica a trajetória, demonstrando que é necessária a atividade integrada de milhares de neurônios para um simples movimento. Como grupos distantes de neurônios coordenam sua atividade? Seria o código neural um "código de ritmo", ou seja, baseado na velocidade com que os neurônios disparam estímulos? Ou o cérebro usaria um "código de tempo", em que é o padrão preciso de disparos que importa? Esse é um debate antigo, e a história parece ser mais complexa do que "um ou outro". Os decodificadores modernos do código neural usam novas ferramentas matemáticas e teorias de vanguarda para tentar mostrar como os códigos de ritmo e tempo trabalhariam juntos na mediação das conversações elétricas no cérebro.

ONDA CEREBRAL
Como o cérebro conversa com ele mesmo? Para desvendar o mistério de seu modo operacional, é preciso compreender a linguagem dos neurônios, individual e coletivamente.

BRAINSTORM
Um conceito promissor para a codificação neural é a sincronia. Neurônios que disparam estímulos juntos provavelmente causarão mais impacto em seus alvos do que um neurônio trabalhando sozinho – isso desde que os estímulos emitidos simultaneamente cheguem a seus destinos ao mesmo tempo. A sincronia em grandes populações de neurônios pode ser observada nos ritmos cerebrais detectáveis com um eletroencefalograma, e foi sugerido que esses ritmos proporcionam "janelas de oportunidade", nas quais os neurônios podem de fato se comunicar um com o outro.

TEMAS RELACIONADOS
NEURÔNIOS E CÉLULAS DA GLIA
p. 16

REDES NEURAIS
p. 40

OSCILAÇÕES CEREBRAIS
p. 46

DADOS BIOGRÁFICOS
ALAN TURING
1912-1954
Pai da ciência computacional, desvendou a codificação da máquina Enigma

WILLIAM BIALEK
1960-
Formalizou o problema da leitura do código neural usando a teoria da informação

Textos por Tristan Bekinschtein

Cenas da Central Cerebral: "Você consegue me ouvir? Por favor, aguarde na linha. Sua ligação é muito importante para nós".

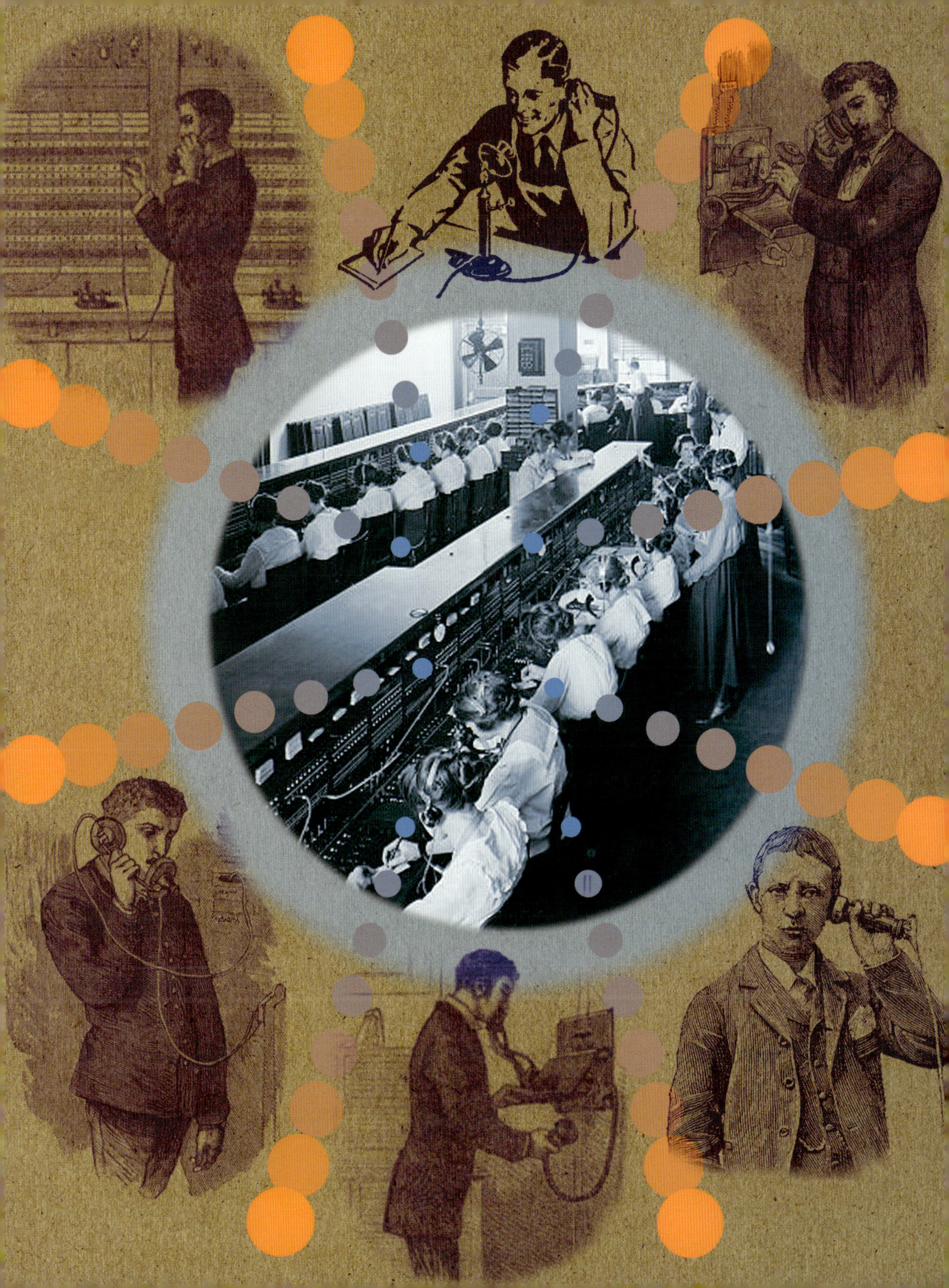

22 de julho de 1904
Nasce em Chester, Nova Scotia, no Canadá

1925
Gradua-se com bacharelado em artes na Dalhousie University

1932
Obtém o mestrado em psicologia pela McGill University; sua tese é intitulada "Conditioned and Unconditioned Reflexes and Inhibition" [Reflexos condicionados e não condicionados e inibição]

1933-34
Escreve *Método científico em psicologia: Uma teoria da epistemologia baseada na psicologia objetiva*, obra não publicada, mas grande fonte de ideias

1934
Trabalha sob a orientação de Karl Lashley na Universidade de Chicago

1935
Transfere-se com Lashley para Harvard a fim de continuar seu doutorado sobre os efeitos da privação de visão precoce na percepção de ratos

1936
Obtém o PhD

1937
Faz estágio no Montreal Neurological Institute, sob a orientação de Wilder Penfield

1942
Começa a trabalhar no Yerkes Laboratory, estudando processos emocionais em chimpanzés

1947
É nomeado professor de psicologia da McGill University, onde permanece até se aposentar, em 1972

1949
Publica *The organization of behavior: a neuropsychological theory* [A organização do comportamento: uma teoria neuropsicológica]

1960
É nomeado presidente da American Psychological Association

1972
Aposenta-se da McGill University, mas continua como professor emérito de psicologia

1980
Retorna à Dalhousie University como professor emérito de psicologia

20 de agosto de 1985
Morre na Nova Scotia

DONALD HEBB

Considerando o impacto que provocaria em sua disciplina de escolha, pode-se dizer que Donald Olding Hebb chegou relativamente tarde à psicologia. Sua primeira ambição era ser escritor. Nascido na Nova Scotia, província do Canadá, ele iniciou sua carreira acadêmica na Dalhousie University (após uma trajetória escolar sem louros), onde completou o bacharelado. Sua carreira de escritor não decolou, então Hebb fez uma mudança pragmática para a área da educação, lecionando por alguns anos em escolas de ensinos fundamental e médio. Após ler Freud e Pavlov, desenvolveu um interesse por psicologia e realizou o mestrado na McGill University, seguido pelo doutorado em Harvard (sob a orientação de Karl Lashley), um estágio no Montreal Neurological Institute (com Wilder Penfield, p. 64) e alguma experiência no Yerkes Laboratory of Primate Biology.

O trabalho de Hebb abrangia neurofisiologia e psicologia. Seu interesse primordial estava na ligação entre cérebro e mente – como os neurônios se comportam e se organizam para produzir o que percebemos como pensamentos, sentimentos, memórias e emoções. Ele abordou o enigma sob todos os aspectos. Estudou privação sensorial, danos cerebrais, os efeitos de cirurgias no cérebro, comportamento, experiência, ambiente, estimulação e hereditariedade, assim como as principais teorias de psicologia do tempo, incluindo a gestalt e o behaviorismo, além dos trabalhos de Freud, Skinner e Pavlov. Suas descobertas o inspiraram a formular uma espécie de grande teoria unificadora para a neurociência, que ele esperava poder unir cérebro e mente.

Em 1942, quando no Yerkes, ele começou a escrever sua obra seminal, *The Organization of Behavior: A Neuropsychological Theory*, expondo suas ideias. Com isso, introduziu os conceitos da sinapse hebbiana (em termos gerais, a ideia de que "neurônios que disparam juntos ficam juntos") e do agrupamento de células – a noção de que o aprendizado hebbiano levaria ao ativamento de grupos de neurônios em sequências particulares, possibilitando o pensamento, a percepção, a aprendizagem e a memória. A obra foi publicada em 1949, um ano depois de Hebb ser nomeado para a cátedra de psicologia na McGill University. Sua influência e relevância foram incomensuráveis, e seu trabalho pioneiro ainda baseia muitos progressos nas áreas de robótica, ciência computacional, inteligência artificial e engenharia, assim como neurociência e psicologia do desenvolvimento.

Tanto neurocientistas quanto psicólogos consideram Donald Hebb um dos seus. Talvez graças à habilidade na escrita ele tenha sido capaz de analisar em termos argumentativos os detalhes de sua pesquisa, ao mesmo tempo em que dava um passo para trás para mostrar aos leitores a visão ampla do quadro – ou seja, como todo grande escritor, ele unificou os planos geral e particular.

OSCILAÇÕES CEREBRAIS

Com que frequência você gera uma onda cerebral? Se estiver tendo um mau dia, talvez pense que "provavelmente nunca", mas a verdade é que você produz ondas cerebrais o tempo todo, mesmo dormindo. A atividade elétrica do cérebro, quando medida por técnicas como o eletroencefalograma (EEG), é caracterizada por fortes oscilações – ondas – que resultariam da atividade sincrônica de grandes populações de neurônios. De fato, as "ondas alfa" foram a primeira coisa que Hans Berger notou quando inventou o EEG, na década de 1920. As ondas alfa são oscilações relativamente lentas, de cerca de 10 Hz (10 ciclos por segundo), observadas predominantemente na parte posterior do cérebro e mais pronunciadas no estado de vigília relaxada, com os olhos fechados. Isso levou alguns pesquisadores a sugerirem que o ritmo alfa reflete o "ócio" cortical, apesar de hoje essa visão ser contestada. Outras oscilações cerebrais proeminentes são os ritmos delta (1-4 Hz), teta (4-8 Hz), beta (12-25 Hz) e gama (25-70 Hz ou mais), apesar de essas categorias serem um pouco arbitrárias. O objetivo agora é descobrir qual o papel de tais oscilações no cérebro e na mente. Por exemplo, as oscilações beta aparecem em áreas motoras corticais conforme o cérebro se prepara para o movimento, e há tempos se pensa que o ritmo gama sustenta o vínculo de aspectos perceptivos em cenários complexos.

ONDA CEREBRAL
A sincronia entre grandes populações de neurônios resulta em características oscilações cerebrais que podem estar na base de muitas funções perceptivas, cognitivas e motoras.

BRAINSTORM
Nem sempre as ondas cerebrais fazem bem a você. Quando as oscilações neurais se tornam muito intensas, o cérebro pode entrar em um estado da chamada "hipersincronia", em que vastas faixas de agrupamentos neuronais se ativam e desativam juntas. Essa espécie de tempestade elétrica – literalmente uma "brainstorm", ou "tempestade cerebral", em inglês – é o que acontece em uma crise epiléptica. Ser capaz de prever episódios hipersincrônicos, talvez a tempo de uma possível intervenção, é um grande desafio atual para os neurocientistas clínicos.

TEMAS RELACIONADOS
NEUROIMAGEM
p. 58

SONO E SONHO
p. 78

DADOS BIOGRÁFICOS
HANS BERGER
1873-1941
Neurofisiologista, o primeiro a registrar sinais de EEG; as ondas alfa foram de início chamadas "ondas de Berger"

WILLIAM GREY WALTER
1910-1977
Neurologista e cibernetecista, o primeiro a medir as ondas delta durante o sono

WOLF SINGER
1943-
Pioneiro da ideia de que as oscilações gama desempenham papel-chave na percepção

Textos por Anil Seth

Hans Berger surfa em suas próprias ondas cerebrais. Ele garante que é muito mais revigorante do que parece.

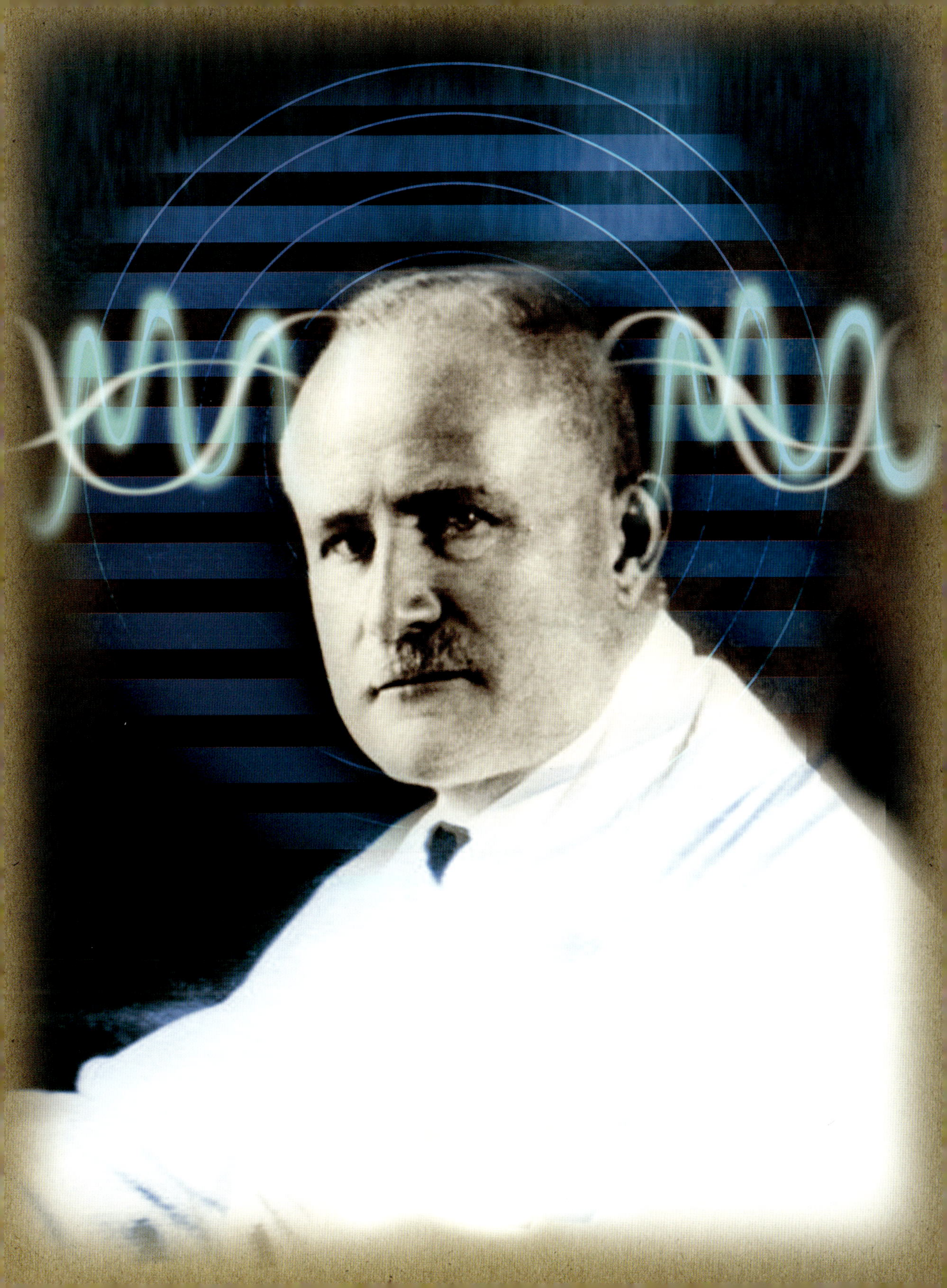

DARWINISMO NEURAL

A teoria da seleção natural de

Darwin é uma das grandes conquistas da ciência, pois explica como vida complexa emerge a partir de variações e seleções evolucionárias que se concretizam ao longo de períodos bastante extensos. O darwinismo neural, desenvolvido por Gerald Edelman, propõe que um processo similar possa ocorrer no cérebro, envolvendo grupos de neurônios em vez de genes ou organismos. Também conhecida como a teoria da seleção de grupos neuronais (TNGS, na sigla em inglês), baseia-se em três postulações. A primeira é a de que em seu desenvolvimento inicial o cérebro cria uma população altamente diversa de circuitos neuronais. A segunda diz que ocorre seleção entre esses grupos: os úteis sobrevivem e se fortalecem; os inúteis são eliminados. Finalmente, a TNGS sugere a ideia de "reentrada" – um constante intercâmbio de sinais entre populações neuronais amplamente separadas. Francis Crick (p. 80) critica a teoria, apontando que carece de um mecanismo de replicação, propriedade essencial para a seleção natural (ao lado da diversidade e da seleção). Porém, Edelman continuou a desenvolvê-la, apresentando novas considerações sobre linguagem e até sobre consciência. Apesar de ainda não possuir evidências diretas, a TNGS parece conquistar cada vez mais relevância, à medida que neurocientistas se esforçam para compreender como grandes populações de neurônios se comportam e se desenvolvem.

ONDA CEREBRAL
O conceito de pensamento populacional, fundamental para Darwin, talvez seja também a chave para compreender o cérebro.

BRAINSTORM
O darwinismo neural traça uma diferença fundamental entre "instrução" e "seleção". Os sistemas instrucionistas, assim como um computador comum, funcionam à base de programas e algoritmos e suprimem variabilidade e ruídos. Os sistemas selecionistas dependem de grande quantidade de variação e envolvem a seleção de estados específicos colhidos de imensos repertórios. Ou seja, a teoria apresenta um forte contraste para modelos de computador do cérebro e da mente, destacando – assim como Darwin já o havia feito – que a variação é essencial para a função biológica.

TEMAS RELACIONADOS
O CÉREBRO EM DESENVOLVIMENTO
p. 28

APRENDIZADO HEBBIANO
p. 38

REDES NEURAIS
p. 40

DADOS BIOGRÁFICOS
GERALD M. EDELMAN
1929-2014
Premiado com o Nobel de Fisiologia ou Medicina por seu trabalho sobre princípios selecionistas em imunologia, vem desenvolvendo o darwinismo neural desde a década de 1970

JEAN-PIERRE CHANGEUX
1936-
Também um pioneiro do desenvolvimento de teorias selecionistas da função cerebral; em outro trabalho fundamental, descobriu e descreveu como a nicotina age no cérebro

Textos por Anil Seth

Poda cerebral: alguns neurônios conseguem voar, outros seguem o mesmo rumo da ave dodô – a extinção.

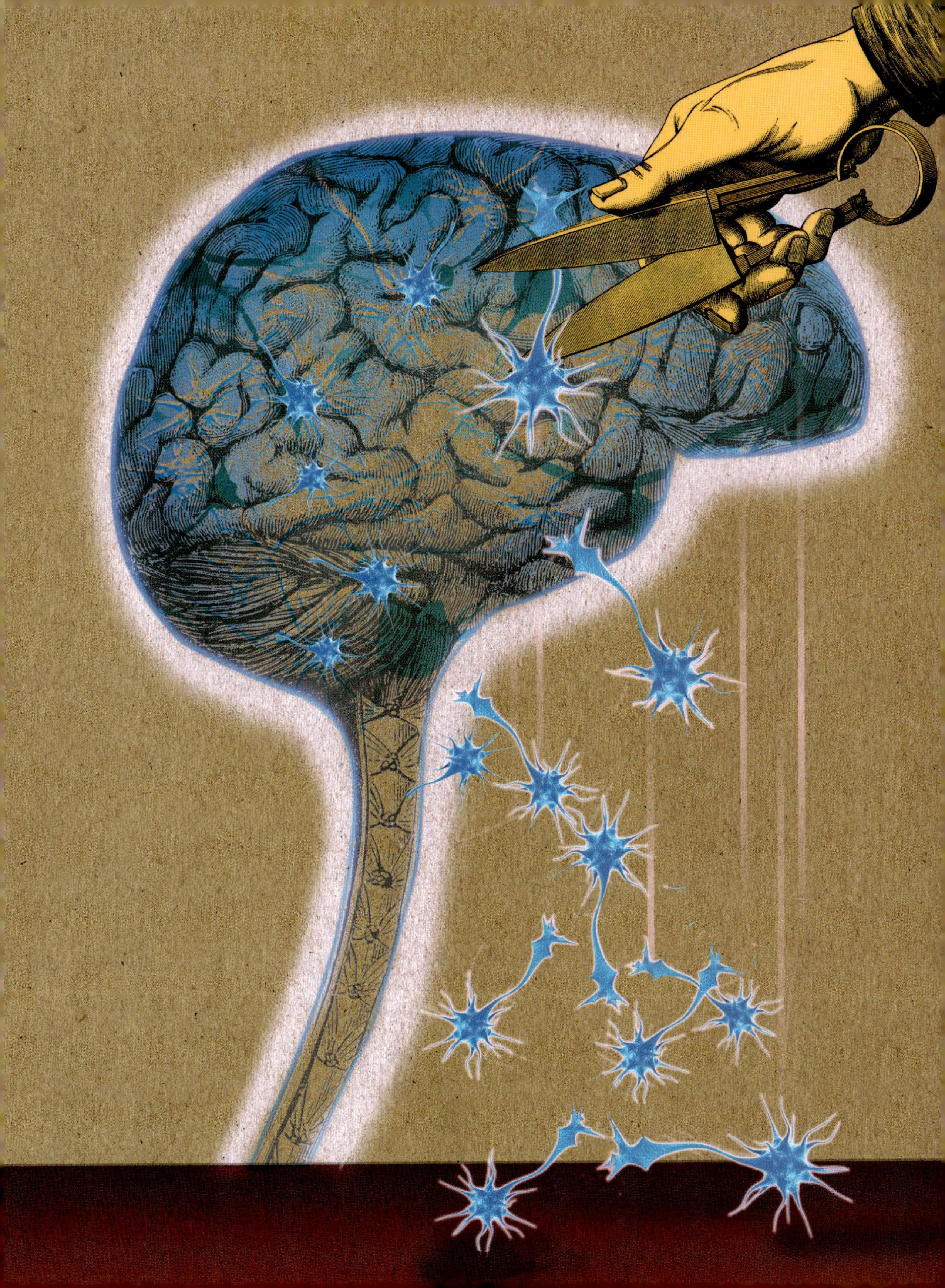

O CÉREBRO BAYESIANO

Imagine que você é um cérebro. Você está aprisionado dentro de um crânio ósseo, tentando descobrir o que há lá fora, no mundo. Tudo de que dispõe são correntes de impulsos elétricos provindas dos sentidos, que variam conforme a estrutura daquele mesmo mundo e, indiretamente, de suas próprias respostas para o corpo (ao mover seus olhos, a recepção sensorial também mudará). No século XIX, Hermann von Helmholtz compreendeu que a percepção – a solução para o problema de "o que há lá fora" – presumia que o cérebro inferisse as causas externas causadoras dos sinais sensoriais. Isso sugere que o cérebro opera mais ou menos à base de uma "inferência bayesiana", termo que descreve como as crenças são atualizadas conforme surgem novas evidências. Em outras palavras, os dados sensoriais recebidos são combinados a "crenças preexistentes" para determinar suas causas mais prováveis, o que corresponde às percepções. Ao mesmo tempo, diferenças entre sinais previstos e dados sensoriais reais – "erros de predição" – são usadas para atualizar as crenças preexistentes, prontificando-as para a próxima rodada de recepções sensoriais. Uma interpretação dessa ideia – a codificação preditiva – argumenta que a arquitetura do córtex é perfeitamente apropriada para a percepção bayesiana. Sob esse ponto de vista, informações vindas "de baixo", fluindo das áreas sensoriais, carregam erros de predição, enquanto sinais vindos "do alto", a partir do cérebro, transmitem predições.

ONDA CEREBRAL
Perceber é acreditar. O mundo apreciado é a melhor aposta cerebral das causas dos estímulos sensoriais recebidos.

BRAINSTORM
A teoria do cérebro bayesiano implica conexões surpreendentemente profundas entre percepção e imaginação. A teoria requer que o cérebro mantenha um "modelo generativo" das causas dos dados sensoriais recebidos. Resumindo, isso significa que, para conseguir perceber algo, o cérebro precisa ser capaz de autogerar estados de percepção correspondentes "de cima para baixo". Se isso for verdade, cada um de nossos mundos perceptíveis depende de nossas habilidades imaginativas individuais.

TEMAS RELACIONADOS
A ARQUITETURA BÁSICA DO CÉREBRO
p. 24

IMAGINAÇÃO
p. 122

ESQUIZOFRENIA
p. 150

DADOS BIOGRÁFICOS
THOMAS BAYES
1701-1761
Teólogo e filósofo britânico reconhecido por formular a lógica básica do que hoje é conhecido como teorema de Bayes

HERMANN VON HELMHOLTZ
1821-1894
Fisiologista e físico alemão que formulou o princípio de "percepção como inferência" e também foi o primeiro a medir a velocidade de impulsos elétricos nos nervos

Textos por Anil Seth

Menos "o que você vê é o que recebe", mais "o que você recebe é o que vê".

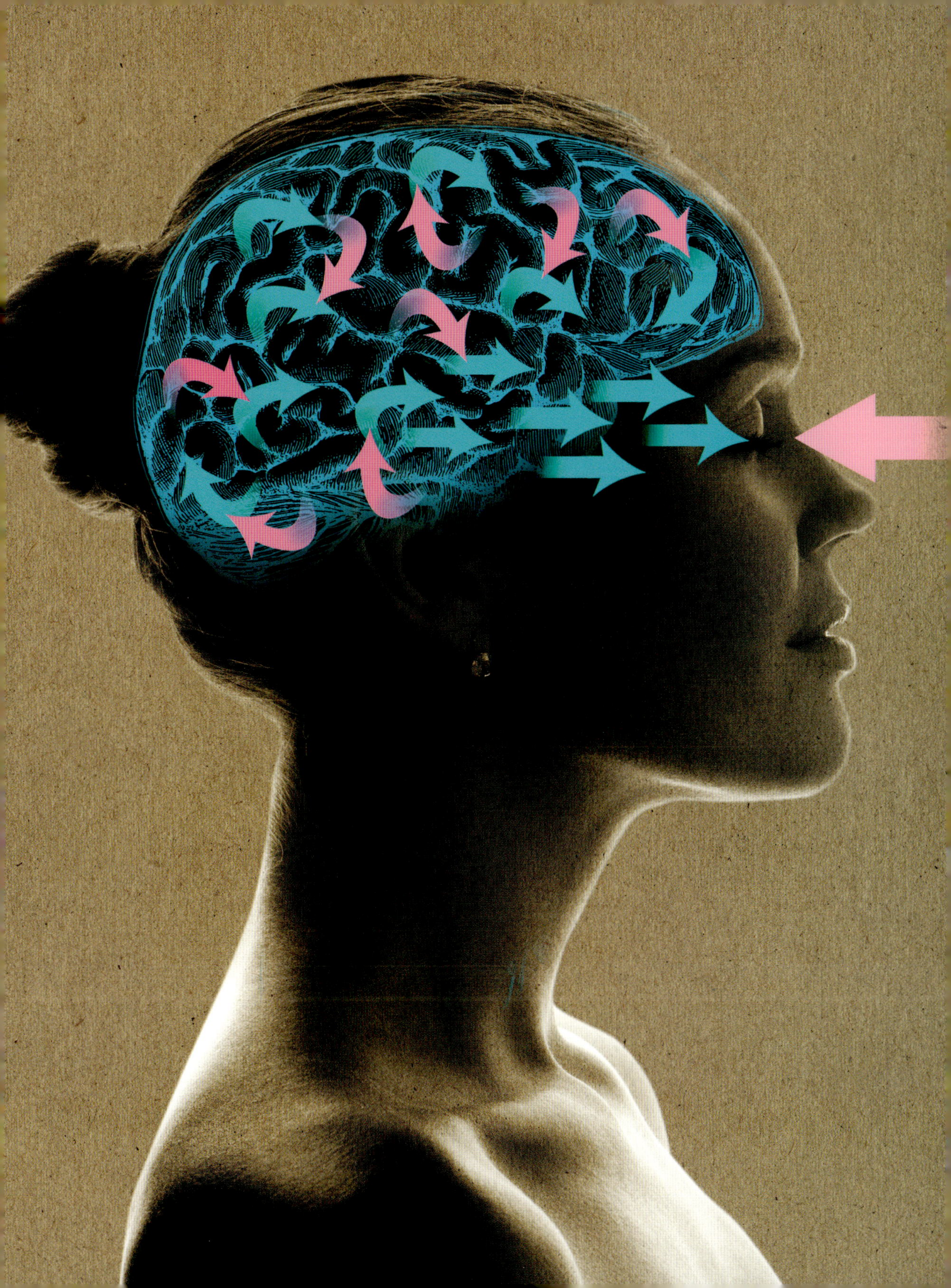

MAPEAMENTO DO CÉREBRO

MAPEAMENTO DO CÉREBRO
GLOSSÁRIO

conectoma Termo cunhado por Olaf Sporns, por analogia com o genoma (mapa dos genes), o conectoma é um mapa – ou um diagrama de circuitos – de todas as conexões no cérebro. Os contornos mais amplos do conectoma humano são conhecidos, mas ainda estamos muito distantes de desvendá-lo por completo, com todos os seus detalhes.

córtex cerebral Camada mais externa do cérebro, com diversos sulcos. Corresponde a cerca de dois terços do volume cerebral e é dividido nos hemisférios esquerdo e direito, que acomodam a maior parte da "substância cinzenta" (assim chamada por causa da falta de mielina, que faz outras partes do cérebro parecerem brancas). O córtex cerebral é separado em lobos, e cada um deles desempenha funções diferentes, entre elas a percepção, o pensamento, a linguagem, a ação e outros processos cognitivos "superiores", como a tomada de decisões.

eletroencefalograma (EEG) É a prática de detectar as minúsculas variações no campo elétrico na superfície do cérebro, produzidas pela atividade de populações neuronais no córtex subjacente. O EEG tem ótima resolução de tempo, mas é relativamente ruim (comparado à ressonância magnética funcional) na localização da atividade. Um método relacionado – a magnetoencefalografia (MEG) – mede as variações correspondentes no campo magnético. A MEG pode ser ainda mais sensível que o EEG, mas é uma tecnologia muito mais complexa e cara.

estimulação magnética transcraniana (EMT) Técnica pela qual curtos e poderosos pulsos magnéticos são aplicados ao couro cabeludo, estimulando brevemente os neurônios no córtex subjacente. Ao perturbar a atividade cerebral em regiões específicas e observar o que acontece, a EMT pode ajudar a determinar a função de tais regiões. Recentemente, a EMT foi combinada ao EEG, de modo que as reações tanto cerebrais quanto comportamentais aos pulsos da EMT podem ser registradas.

frenologia Popularizada por Franz Gall no século XIX, a frenologia é hoje uma prática desacreditada de inferir a personalidade e os atributos mentais a partir das protuberâncias na superfície do crânio. Apesar de Gall estar errado quanto a isso, ele tinha razão ao postular que diferentes partes do cérebro fazem coisas diferentes, lançando assim a base da neuropsicologia e até mesmo da moderna ressonância magnética funcional.

imagem por tensor de difusão (DTI) É uma técnica relativamente recente de neuroimagem que usa ressonância magnética para mapear os feixes de conexões de longo alcance (axônios) que percorrem o cérebro. O método depende do fato de que moléculas de água dispersam-se preferencialmente ao longo dos axônios, em vez de cruzá-los.

lobos frontais Uma das quatro principais divisões do córtex cerebral, a mais desenvolvida em humanos em comparação com outros animais. Os lobos frontais (um para cada hemisfério) abrigam áreas associadas a tomada de decisões, planejamento, memória, ação voluntária e personalidade.

neurônios As unidades básicas do cérebro. Eles desempenham as operações cerebrais fundamentais, recebendo informações de outros neurônios via dendritos e – conforme o padrão ou a intensidade do estímulo recebido – emitindo ou não um estímulo nervoso como resposta. Há vários tipos de neurônios, mas (quase) todos possuem dendritos, um corpo (soma) e um único axônio.

neuropsicologia Essa é a disciplina que estuda as relações entre o funcionamento do cérebro e o comportamento humano. No início se baseou em relatos de experiências de pacientes que sofreram danos em partes específicas do cérebro. Por exemplo, a amnésia do paciente H. M. após danos no hipocampo permitiu que os neuropsicólogos associassem o hipocampo com a memória (episódica).

rede neural em modo padrão (DMN, *default mode network***, em inglês)** Um grupo de regiões cerebrais cuja atividade (tipicamente quando medida por uma ressonância magnética funcional) é reduzida durante a realização de uma tarefa com direcionamento externo e mais ativa nos estados de vigília, devaneio, introspecção ou atenção introspectiva. No geral, a DMN tem sido associada a processos voltados a si mesmo. Isso inclui partes mediais dos lobos pré-frontais e temporais e o córtex cingulado posterior.

ressonância magnética funcional (fMRI) Essa tecnologia revolucionou a neurociência ao permitir o mapeamento não invasivo da estrutura tridimensional do cérebro, aproveitando-se da maneira como diferentes partes do cérebro reagem a fortes campos magnéticos. A fMRI mostra também a atividade cerebral e baseia-se na medida das diferenças de oxigenação sanguínea conforme a atividade neural. Tem uma resolução espacial muito boa, mas resolução de tempo ruim, se comparada ao EEG.

NEUROPSICOLOGIA

O mapeamento cerebral teve

um início precário no fim do século XVIII, com a pseudociência da frenologia, que atribuía protuberâncias no crânio a traços psicológicos específicos. Parcialmente para refutar a frenologia, Paul Broca publicou um estudo marcante em 1861, no qual apresentava um paciente, Leborgne, que entendia o que lhe era dito, mas cuja fala havia sido tão degradada que ele só era capaz de dizer uma única palavra, "tan". Depois que Leborgne morreu, a autópsia realizada por Broca encontrou dano local em uma parte restrita do lobo frontal esquerdo. Apesar de ser apenas um único paciente, tratava-se de evidência direta e crucial da relação de função e região. Broca empenhou-se em buscar muitos outros pacientes com fala debilitada e a mesma área cerebral danificada. Um pouco depois, Carl Wernicke colaborou com o quadro ao usar o mesmo método para associar compreensão de linguagem a uma porção dos lobos temporais esquerdos. Esses casos auxiliaram no nascimento de um novo tipo de ciência, a neuropsicologia, pela qual se examinam deficiências em pacientes com danos cerebrais, permitindo a compreensão de quais regiões são fundamentais para determinada função. Nos últimos 150 anos, inúmeros pacientes com danos cerebrais ajudaram a construir a imagem de um cérebro com muitas subunidades especializadas, cada uma delas desempenhando seu papel em nossos pensamentos e sentimentos.

ONDA CEREBRAL
A ciência pode associar função a região do cérebro por meio de pacientes que sofreram danos cerebrais e apresentam uma deficiência intelectual distinta.

BRAINSTORM
A neuropsicologia sempre foi um ramo polêmico. Primeiro, porque um dano cerebral nunca cria uma lesão distinta e limpa. Ao mesmo tempo, regiões cerebrais intactas podem assumir a função antes desempenhada pela área danificada. Mas por muitas décadas esse método foi a principal ferramenta de mapeamento cerebral existente. Hoje, no entanto, essa forma de neuropsicologia perdeu importância, pois técnicas de neuroimagem modernas como a ressonância magnética funcional conseguem perscrutar o cérebro inteiro de pessoas saudáveis em busca de conexões com uma função específica.

TEMAS RELACIONADOS
A LOCALIZAÇÃO DAS FUNÇÕES
p. 36

NEUROIMAGEM
p. 58

ESTIMULAÇÃO CEREBRAL
p. 70

DADOS BIOGRÁFICOS
PAUL BROCA
1824-1880
Descobriu a área de produção da fala

CARL WERNICKE
1848-1905
Descobriu a área de compreensão da fala

ALEXANDER LURIA
1902-1977
Pai da neuropsicologia moderna

Textos por Daniel Bor

Phineas Gage e a barra de ferro que atravessou seu cérebro, mantendo-o vivo, mas mudando sua mente.

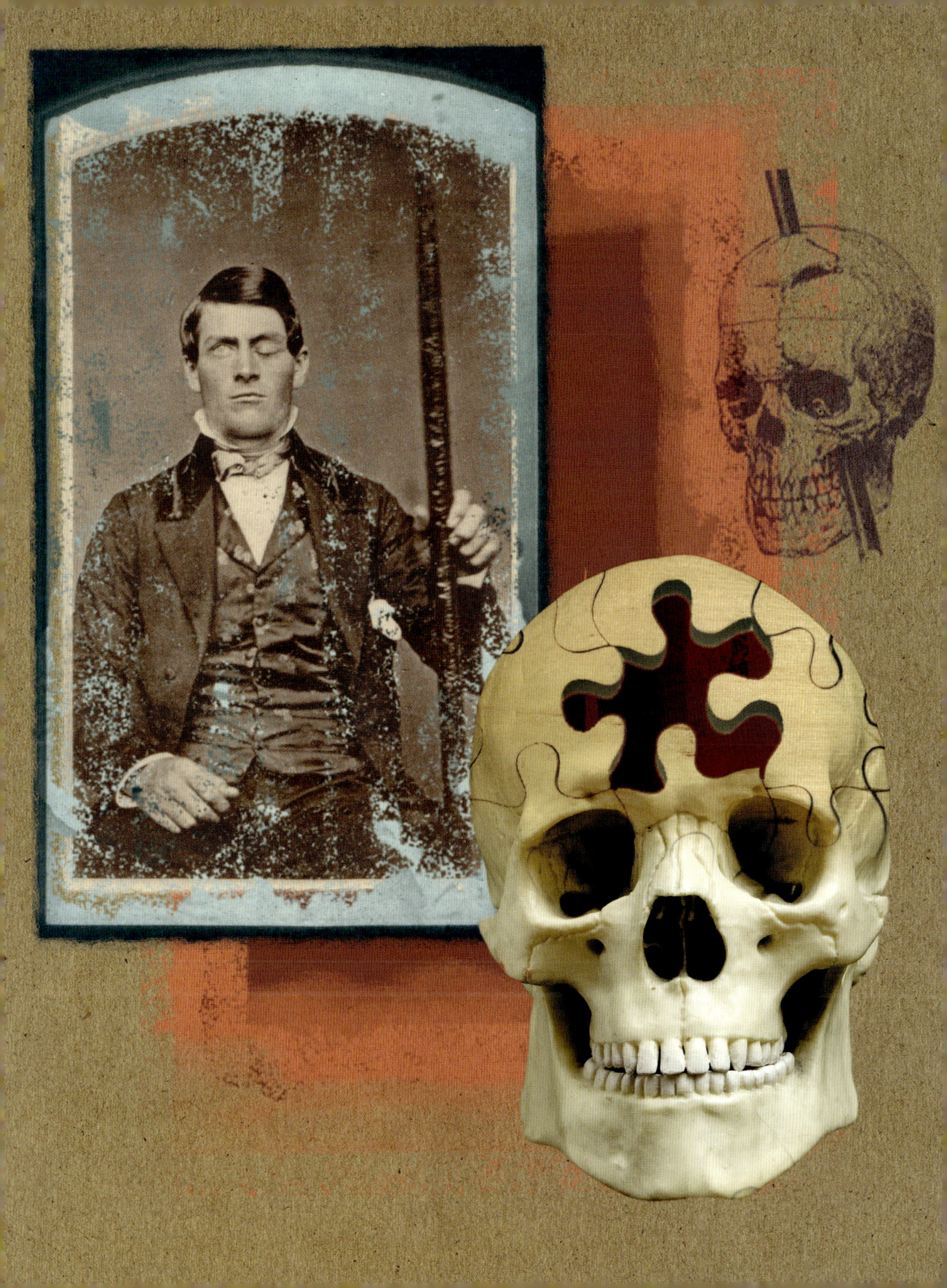

NEUROIMAGEM

Assim como a astronomia e a biologia foram revolucionadas pelo telescópio e pelo microscópio, a neurociência sofreu uma transformação com as tecnologias de neuroimagem. Alguns tipos de escaneamento, como a ressonância magnética, revelam de modo não invasivo a estrutura tridimensional do cérebro. São úteis para explorar como o órgão é construído e como a anatomia neural difere de pessoa para pessoa. Também fornecem ferramentas clínicas essenciais para detectar vários tipos de dano cerebral. Um desenvolvimento mais recente é a imagem por tensor de difusão (DTI), que proporciona um mapa tridimensional das principais redes que conectam as regiões do cérebro entre si. Mas o que realmente revolucionou a neurociência foram as tecnologias que observam a atividade cerebral. O eletroencefalograma (EEG) teve papel preponderante ao revelar os padrões de mudança na atividade elétrica do cérebro, milissegundo por milissegundo, conforme realizamos tarefas ou entramos em diferentes estágios do sono. Porém, o EEG é ineficiente em atribuir funções a regiões cerebrais específicas. A tecnologia imagiológica mais dominante nas últimas duas décadas, sem dúvida, é a ressonância magnética funcional, que pode detalhar mudanças na atividade neuronal em termos de poucos milímetros e segundos. Com isso, estamos aumentando consideravelmente nosso conhecimento sobre o papel funcional de cada região cerebral e sobre como as áreas colaboram para sustentar os processos mentais.

ONDA CEREBRAL
A neuroimagem permite estudar o formato, as conexões e as funções do cérebro humano com grande precisão e de modo seguro e não invasivo.

BRAINSTORM
A fMRI começa a ser usada como um dispositivo de leitura mental, até agora de modo bem limitado. Pode-se estimar, por exemplo, a partir de um pequeno conjunto, qual figura, fragmento de vídeo ou palavra foi recém-apresentado a um indivíduo. Mas novos métodos em desenvolvimento realmente podem reconstruir a percepção ao ler a atividade no córtex visual e gerar uma imagem embaçada disso. É fascinante – e assustador – imaginar quanto essa forma de telepatia tecnológica pode progredir no futuro.

TEMAS RELACIONADOS
A LOCALIZAÇÃO DAS FUNÇÕES
p. 36

NEUROPSICOLOGIA
p. 56

ESTADO DE REPOUSO
p. 66

DADOS BIOGRÁFICOS
HANS BERGER
1873-1941
Pioneiro do EEG

PAUL LAUTERBUR
1929-2007
Pioneiro da ressonância magnética

PETER MANSFIELD
1933-2017
Pioneiro da ressonância magnética. Ele e Lauterbur ganharam o Nobel de Fisiologia ou Medicina em 2003.

Textos por Daniel Bor

Outras pessoas podem ler sua mente. Garanta suas configurações de privacidade pensando apenas em cores primárias e formatos geométricos simples.

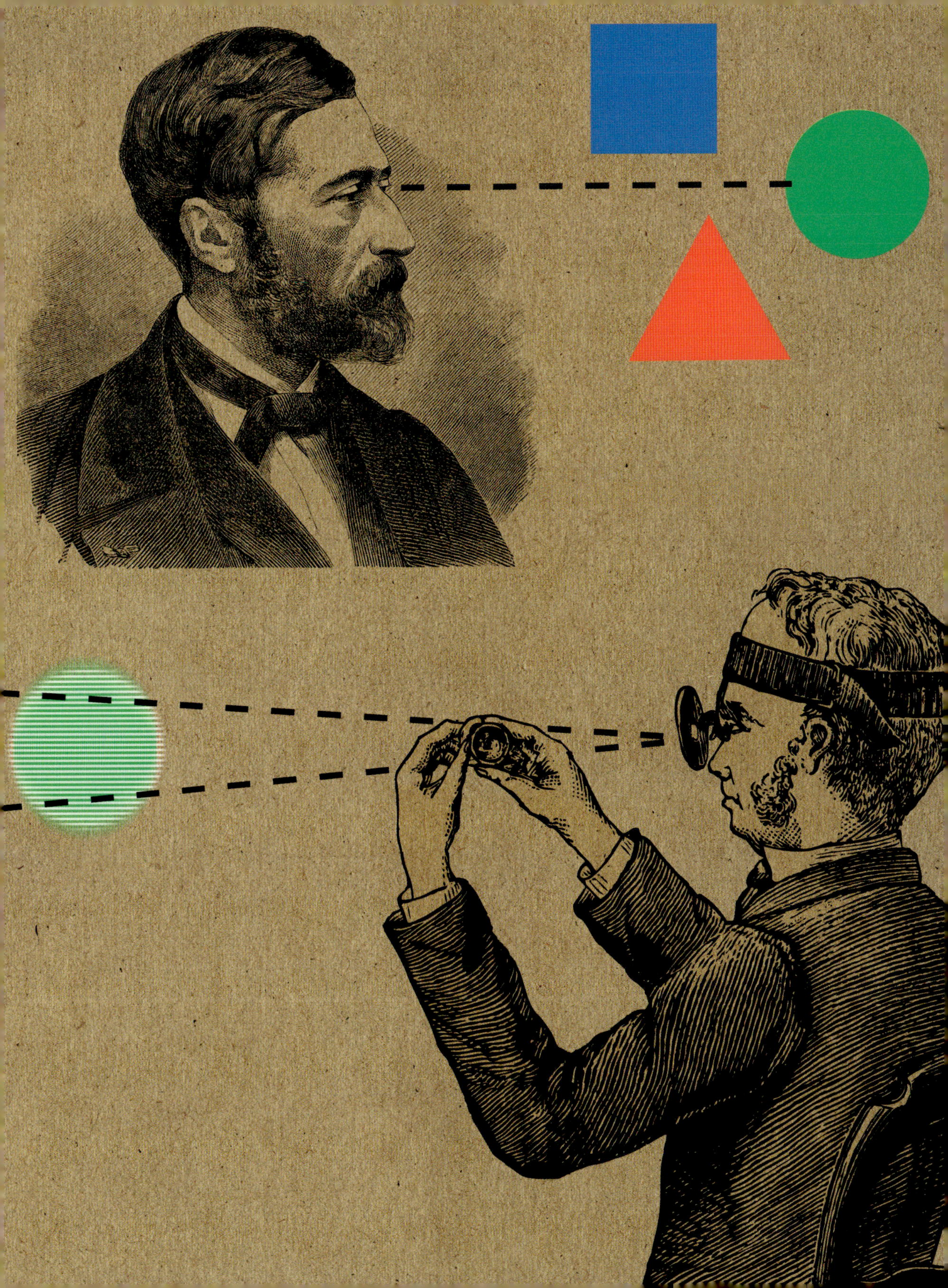

O CONECTOMA HUMANO

Seja qual for o nível de observação – desde os feixes de uma porção de neurônios até as fibras grossas como um dedo que conectam as principais regiões do córtex –, o cérebro é essencialmente estruturado como uma rede. O mapa completo de todas as conexões dessa rede é conhecido como conectoma. Vários projetos ambiciosos de larga escala ao redor do mundo estão começando a montar o conectoma humano a partir de diferentes ângulos. No nível celular, em grande parte isso significa minucioso trabalho no microscópio para análise de minúsculas seções anatômicas. Numa escala maior, apesar de mais rudimentar, está entre os métodos usados uma forma de ressonância magnética chamada imagem por tensor de difusão (DTI, p. 58), projetada para criar uma imagem dos principais caminhos cerebrais de modo não invasivo. Um desafio em particular nesse projeto global é combinar as várias técnicas diferentes para criar um quadro geral coerente da rede cerebral. Apesar de a atividade dos bilhões de neurônios, ao lado da química do cérebro e da genética, serem fatores essenciais para a formação de nosso mundo mental, muitos neurocientistas hoje pensam que essa estrutura de rede seria o aspecto mais importante de todos. Espera-se que mapear o conectoma humano e explorar como ele difere entre os indivíduos revele fatos cruciais sobre o pensamento, sobre a natureza de distúrbios psiquiátricos e, por fim, sobre quem somos como seres mentais.

ONDA CEREBRAL
O conectoma humano é o mapa completo dos 600 trilhões de conexões num cérebro humano. Ainda estamos a décadas de finalizar esse projeto.

BRAINSTORM
Algumas pessoas acreditam que desvendar a estrutura da rede cerebral humana possa trazer menos conhecimento que o esperado, principalmente porque qualquer conectoma está em um fluxo contínuo, à medida que conexões crescem ou morrem. Uma espécie cujo conectoma foi desvendado por completo após muitos anos é a do verme nematoide *Caenorhabditis elegans*. Com um cérebro de apenas 302 neurônios, é um dos animais mais simples, e ainda assim muitos de seus aspectos comportamentais permanecem um mistério até hoje.

TEMAS RELACIONADOS
REDES NEURAIS
p. 40

NEUROIMAGEM
p. 58

DADOS BIOGRÁFICOS
DAVID VAN ESSEN
1945-
Líder do Projeto Conectoma Humano e pioneiro da neuroanatomia

CORNELIA BARGMANN
1961-
Neurobiologista americana conhecida por seu trabalho com a *C. elegans*

OLAF SPORNS
1963-
Cientista alemão que cunhou o termo "conectoma"

Textos por Daniel Bor

High-tech na cabeça. Uma interpretação bidimensional de uma imagem tridimensional de DTI de alguns dos 600 trilhões de conexões que sustentam o cérebro.

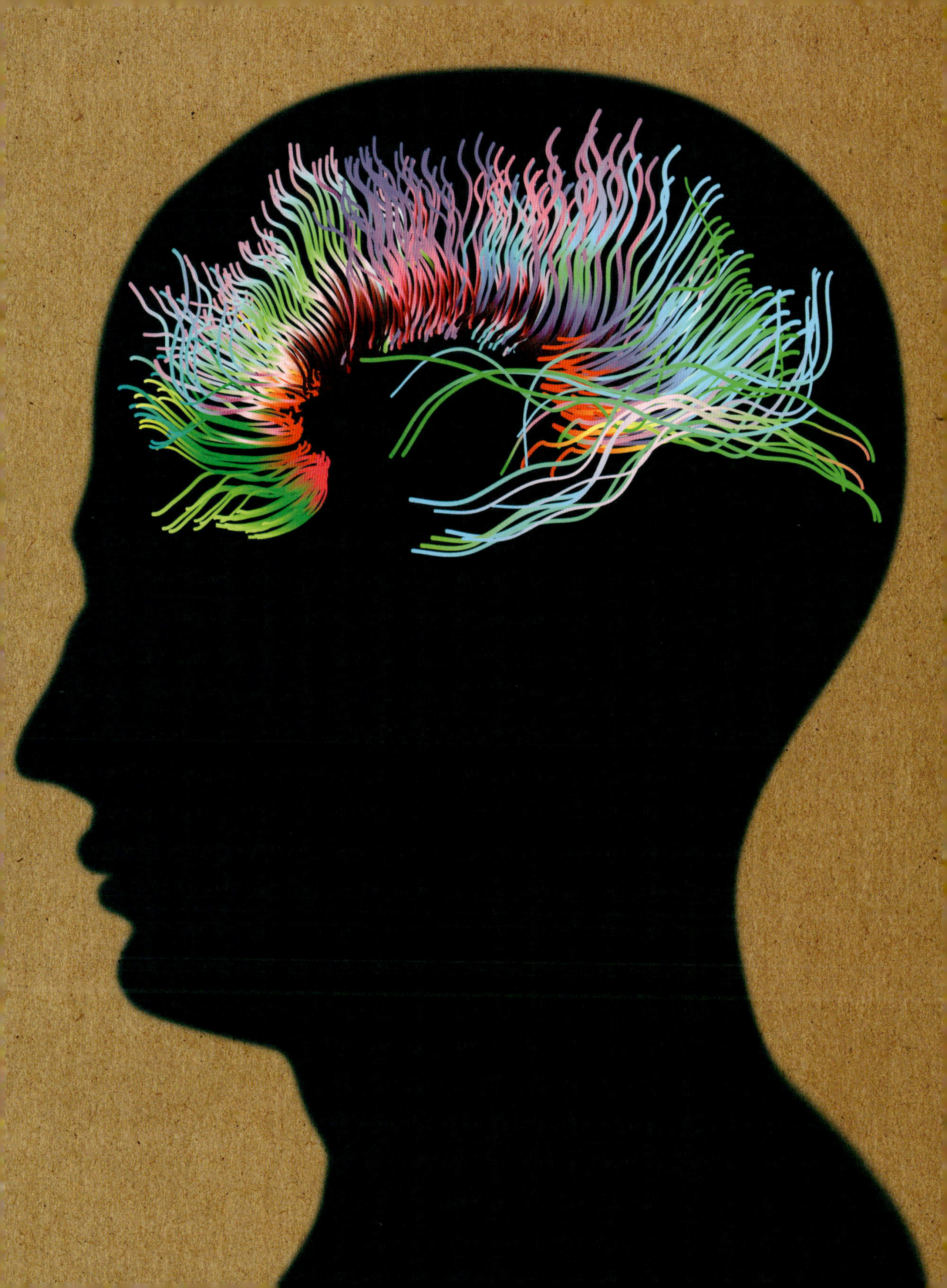

OPTOGENÉTICA

Em 1999, Francis Crick, um dos descobridores do DNA, mencionou algumas ideias "improváveis" sobre neurônios produzidos por meio da engenharia genética que seriam ativados ou desativados apenas pela luz. Crick deveria ter apostado mais em seu campo de atuação. Após cinco anos, Karl Deisseroth e colegas utilizaram um vírus para transferir um gene algáceo fotossensível para neurônios de ratos. Quando expostos a uma luz azul, os neurônios se ativavam. Logo descobriu-se também um dispositivo de desativamento – outro gene, dessa vez de uma bactéria, adicionado de maneira similar, tornava possível inibir a atividade de um neurônio com uma luz verde. Hoje, centenas de laboratórios ao redor do mundo usam técnicas semelhantes para sondar o maquinário cerebral, com controle sem precedentes. Às vezes a luz pode ser emitida superficialmente, no crânio, mas em geral emissores minúsculos são implantados nas profundezas do cérebro. Essa técnica pode ser aplicada inclusive para melhorar a performance cognitiva – Wim Vanduffel e colegas recentemente modificaram uma região dos lobos frontais de dois macacos para permitir uma ativação induzida por luz em larga escala. Quando uma luz azul ativava essa região, os macacos ficavam mais rápidos na tarefa de rastrear objetos. Assim, além de ser uma das técnicas mais inovadoras da neurociência dos últimos tempos, a optogenética é bastante promissora como uma futura ferramenta clínica.

ONDA CEREBRAL
A optogenética implica alterar os neurônios geneticamente, para que possam ser manipulados com precisão, usando-se luz para ativá-los ou desativá-los à vontade.

BRAINSTORM
E se fosse possível acalmar uma tempestade de neurônios epilépticos hiperativos apenas com uma lâmpada poderosa? Ou revitalizar células de controle motor dormentes – que causam a doença de Parkinson e tornam difícil o mais simples dos movimentos – com uma microlanterna implantada? Apesar de ainda ser preciso verificar a segurança de tais procedimentos antes de se iniciarem testes em humanos, as aplicações potenciais para um amplo leque de condições psiquiátricas e neurológicas são impressionantes.

TEMAS RELACIONADOS
A LOCALIZAÇÃO DAS FUNÇÕES
p. 36

NEUROPSICOLOGIA
p. 56

NEUROIMAGEM
p. 58

ESTIMULAÇÃO CEREBRAL
p. 70

DADOS BIOGRÁFICOS
FRANCIS CRICK
1916-2004
Primeiro cientista a sugerir a optogenética como uma técnica

KARL DEISSEROTH
1971-
Principal pioneiro da técnica da optogenética

ED BOYDEN
1979-
Colaborador de Deisseroth

Textos por Daniel Bor

Sabe aquele momento em que uma luz se acende em sua mente? Talvez isso não seja apenas uma metáfora.

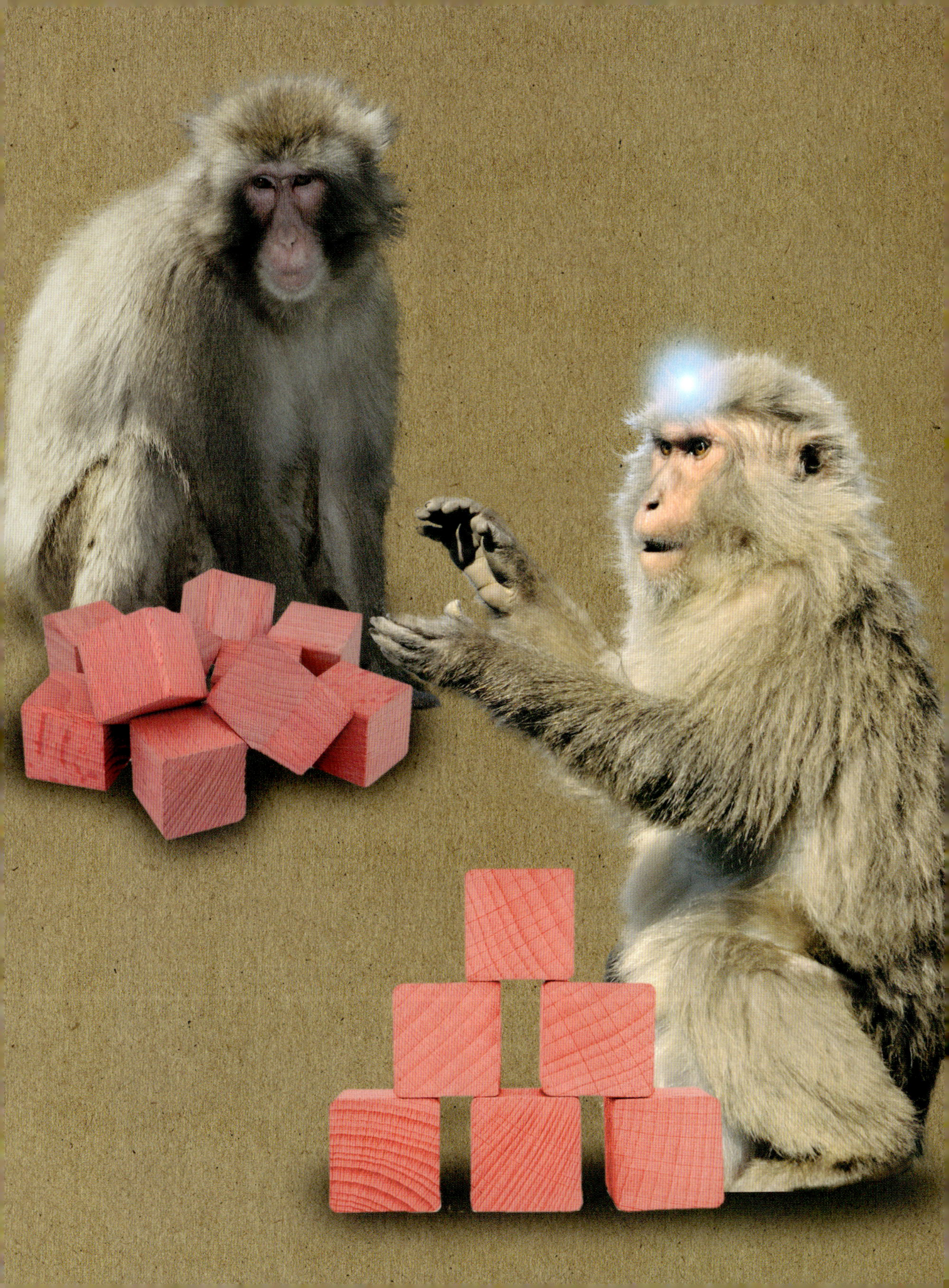

26 de janeiro de 1891
Nasce em Spokane, Washington, nos EUA

1899
Muda-se com a família para Hudson, Wisconsin, terra natal de sua mãe

1913
Gradua-se em Princeton

1914-16
Faz pós-graduação no Merton College Oxford; estuda neuropatologia sob a orientação de Charles Sherrington

1918
Licencia-se como médico na Johns Hopkins University; estágio com o neurocirurgião Harvey Cushing em Boston, Massachusetts

1919
Último ano em Oxford como pós-graduando, seguido por estudos na Europa

1921
Retorna aos EUA para se tornar cirurgião associado na Columbia University

1928
Torna-se professor na Faculdade de Medicina da McGill University

1934
Levanta verbas, funda e torna-se diretor do Montreal Neurological Institute (MNI), parte da McGill University

1934
Torna-se cidadão canadense

1951
Escreve, com Herbert Jasper, *Epilepsia e a anatomia funcional do cérebro humano*

1954
Aposenta-se da Faculdade de Medicina da McGill University, mas continua como diretor do MNI

1960
Recebe a Lister Medal por sua contribuição à ciência da cirurgia

5 de abril de 1976
Morre em Montreal, Canadá

WILDER PENFIELD

Neurocirurgião pioneiro e provavelmente o maior colaborador da neurociência, Wilder Penfield nasceu nos EUA e foi criado em Hudson, Wisconsin, mas requereu a cidadania canadense por meio de sua mãe em 1934. Ele era uma estrela do futebol americano em Princeton (parte de seu plano de carreira para ganhar bolsa de pós-graduação, que dependia da combinação de proezas tanto no esporte quanto no campo intelectual) e, após a graduação, dedicou-se por um ano à atividade de técnico do time, a fim de obter auxílio financeiro para estudos posteriores. Após todo esse esforço, em 1914 Penfield conquistou uma bolsa de graduação no Merton College Oxford, na Inglaterra. Ali estudou sob a orientação do neurofisiologista Charles Sherrington, que abriu sua mente para áreas inexploradas da neurociência, nas quais havia muito trabalho a fazer.

Ao retornar para os EUA, Penfield investiu em sua carreira como neurocirurgião, acreditando que conseguiria pesquisar com maior sucesso as funções e os segredos do cérebro humano se tivesse um deles sob seu bisturi. Penfield possuía um forte senso ético de equipe e uma inclinação filantrópica, aparentemente herdados de sua mãe. Em vez de trabalhar sozinho, idealizou um instituto em que neurocientistas de todas as disciplinas pudessem trabalhar, pesquisar e aprender juntos, compartilhando suas descobertas para o bem da humanidade. O pensamento da época em Nova York não se adequava a esse modelo, então ele se transferiu para a Faculdade de Medicina da McGill University, de onde atuou energicamente para levantar fundos e garantir o financiamento da Rockefeller Foundation. Em 1934, fundou o Montreal Neurological Institute, que se tornaria uma potência da pesquisa neurocientífica.

Foi ali que Penfield realizou seu trabalho com pacientes epilépticos, pelo qual é mais reconhecido. Ele introduziu o Procedimento de Montreal, pelo qual operava pacientes para extirpar as partes do cérebro nas quais se originavam as convulsões epilépticas. Ele aplicava apenas anestesia local, de modo que o paciente pudesse responder a suas perguntas enquanto operava. Os pacientes relataram experimentar diferentes sentimentos e sensações conforme cada parte do cérebro era examinada. Com essas informações obtidas em primeira mão, Penfield pôde fazer mapas preliminares do cérebro, estabelecer o princípio da lateralização cerebral e fundar a base do mapeamento cerebral futuro. O "homúnculo" estilizado que ele produziu com seu colega Herbert Jasper, no qual o tamanho de cada parte do corpo reflete o número de nervos que a servem, é usado até hoje.

ESTADO DE REPOUSO

Em experimentos de neuroimagem funcional, é prática comum dar ao voluntário alguma tarefa exigente a realizar durante o escaneamento, a fim de associar as demandas da tarefa com as partes que se ativam no cérebro dele. Mas o que acontece no cérebro no intervalo desses períodos de esforço? Pode-se imaginar que a atividade cerebral decline dramaticamente, e então se siga um padrão de ativação aleatório. A primeira pista de que essas suposições estavam erradas partiu, no início dos anos 2000, de Marcus Raichle, que descobriu haver um consistente grupo de regiões cerebrais (conhecido como rede neural em modo padrão, ou *default mode network*, em inglês) cuja atividade é suprimida quando nos concentramos em realizar uma tarefa, mas que entra em ação quando mentalmente temos "tempo livre". Mais ou menos na mesma época, Michael Greicius descobriu o mesmo conjunto de regiões quando teve a ousada ideia de escanear deliberadamente indivíduos quando eles estavam apenas descansando. Esse aspecto notável sobre a atividade cerebral é, em certo sentido, a "energia escura" da neurociência, e pesquisadores ainda buscam uma explicação adequada para ele. Uma hipótese é que possa ser a assinatura neural para o sonho no estado acordado. Curiosamente, anormalidades na rede neural em modo padrão estão associadas com uma gama de distúrbios, então talvez esse aparente "passatempo" seja muito mais importante do que imaginávamos.

ONDA CEREBRAL
Sem uma tarefa para realizar, o cérebro é quase tão ativo quanto o normal, mas ativa uma rede "padrão" de regiões em vez daquelas relacionadas ao cumprimento de tarefas.

BRAINSTORM
A rede neural em modo padrão é delicadamente estruturada pela atividade coordenada de várias áreas corticais, localizadas sobretudo ao longo da "linha média cortical" – onde os hemisférios do cérebro se encontram. Um modo padrão adequado leva anos para emergir na infância, e o envelhecimento em geral o desorganiza. Novas evidências da importância da rede neural em modo padrão provêm do que seria seu papel mais notável, aquele do "sonhar acordado", que está relacionado tanto a uma percepção quanto a uma criatividade maiores.

TEMAS RELACIONADOS
A LOCALIZAÇÃO DAS FUNÇÕES
p. 36

NEUROIMAGEM
p. 58

O ENVELHECIMENTO DO CÉREBRO
p. 144

DADOS BIOGRÁFICOS
MARCUS RAICHLE
1937-
Descobriu a rede neural em modo padrão

MICHAEL GREICIUS
1969-
Desenvolveu estudos pioneiros sobre o período inativo

Textos por Daniel Bor

Preguiçosos, alegrem--se! Quando olhamos para o nada, o cérebro está trabalhando com a mesma dedicação do que quando estamos ocupados.

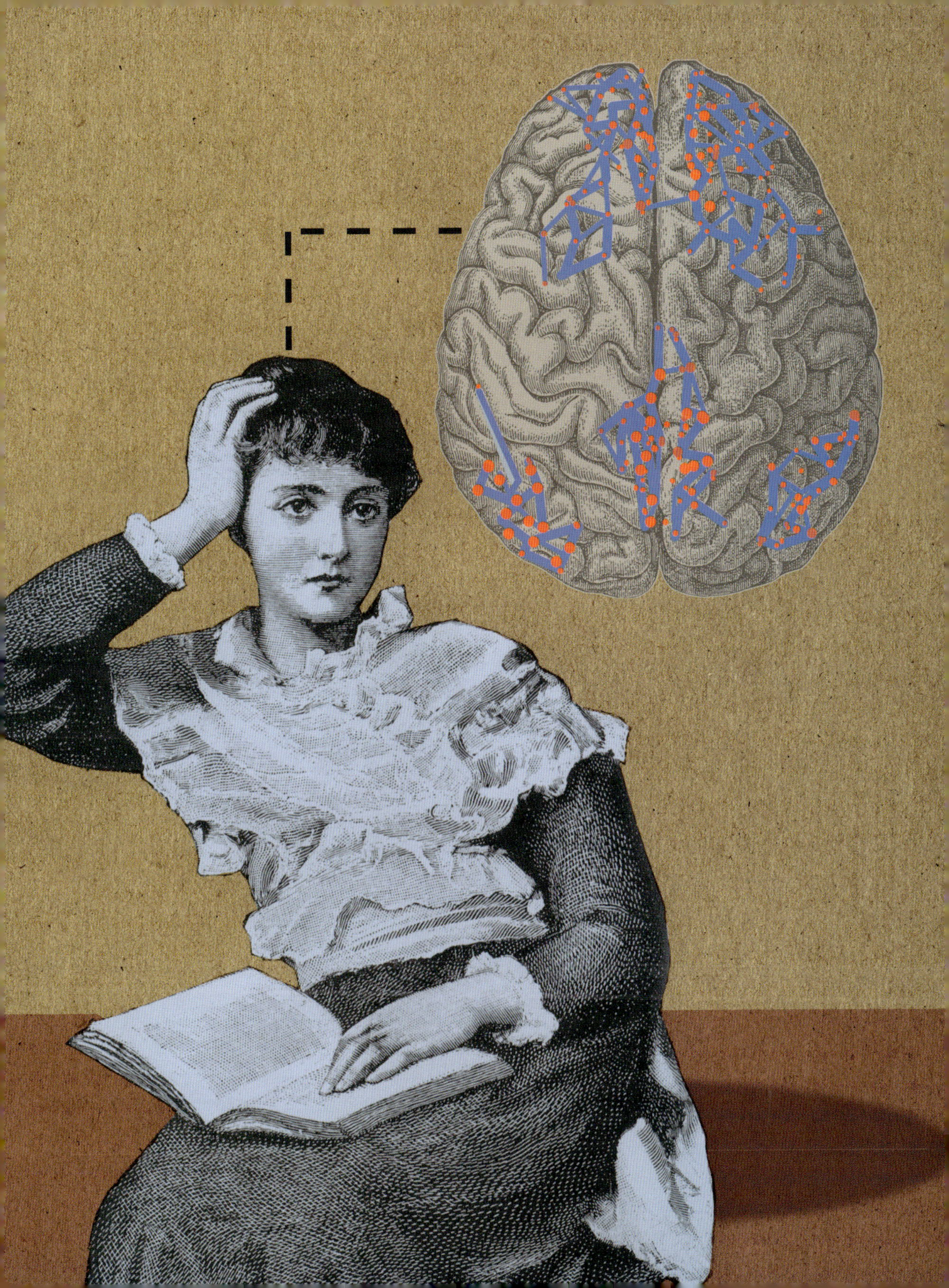

LADO ESQUERDO *VS.* LADO DIREITO

Um dos aspectos mais visíveis do cérebro humano é a linha divisória que corre desde a parte posterior até a anterior, dividindo o córtex externo em dois hemisférios distintos. Apesar de, em termos gerais, serem anatomicamente simétricas, as duas metades não funcionam de modo igual. Os médicos do século XIX, como Paul Broca, perceberam isso porque pacientes com danos no lado esquerdo apresentavam muito mais chances de ter problemas de linguagem do que aqueles com danos no lado direito. Recobrou-se interesse pelo assunto nos anos 1960, quando Roger Sperry e outros começaram a analisar pacientes com o "cérebro dividido", ou seja, que haviam tido o espesso conjunto de nervos conectando os hemisférios cortado a fim de tratar epilepsia severa. Testes nesses pacientes mostraram que os dois hemisférios podem operar de modo independente e possuem forças e fraquezas diferentes. Hoje, tornou-se comum caracterizar o hemisfério esquerdo como frio e lógico e o direito como emocional e criativo. Essa é uma simplificação excessiva. Exceto em pacientes com cérebro dividido, os hemisférios cerebrais na maioria das pessoas trabalham em sintonia. Em vez de as tarefas serem delegadas para um ou outro lado, em geral ambos aplicam um estilo processual diferente às mesmas tarefas. Enquanto o esquerdo é dominante na linguagem, o direito tem funções de linguagem próprias, como o reconhecimento da entonação.

ONDA CEREBRAL
As duas metades do cérebro funcionam de modos diferentes, mas a noção de lado direito criativo e lado esquerdo lógico é uma simplificação excessiva.

BRAINSTORM
Toda uma indústria de aplicativos e livros de autoajuda se desenvolveu com base na ideia de liberar o potencial criativo do lado direito cerebral. Há evidências da criatividade do hemisfério direito, mas o esquerdo também é criativo à sua maneira. O trabalho com pacientes de cérebro dividido revelou o "fenômeno do intérprete" – como o hemisfério esquerdo era muito bom em contar histórias para explicar o que a mão esquerda (controlada pelo hemisfério direito) estava aprontando.

TEMAS RELACIONADOS
A LOCALIZAÇÃO DAS FUNÇÕES
p. 36

NEUROPSICOLOGIA
p. 56

LINGUAGEM
p. 126

PAUL BROCA
p. 124

ROGER SPERRY
p. 148

DADOS BIOGRÁFICOS
ROGER SPERRY
1913-1994
Ganhou o Nobel por seu trabalho com pacientes de cérebro dividido

MICHAEL GAZZANIGA
1939-
Foi orientado por Sperry em testes pioneiros em cérebros divididos

Textos por Christian Jarrett

Cientistas à minha esquerda, criativos à direita? E onde então fica Leonardo?

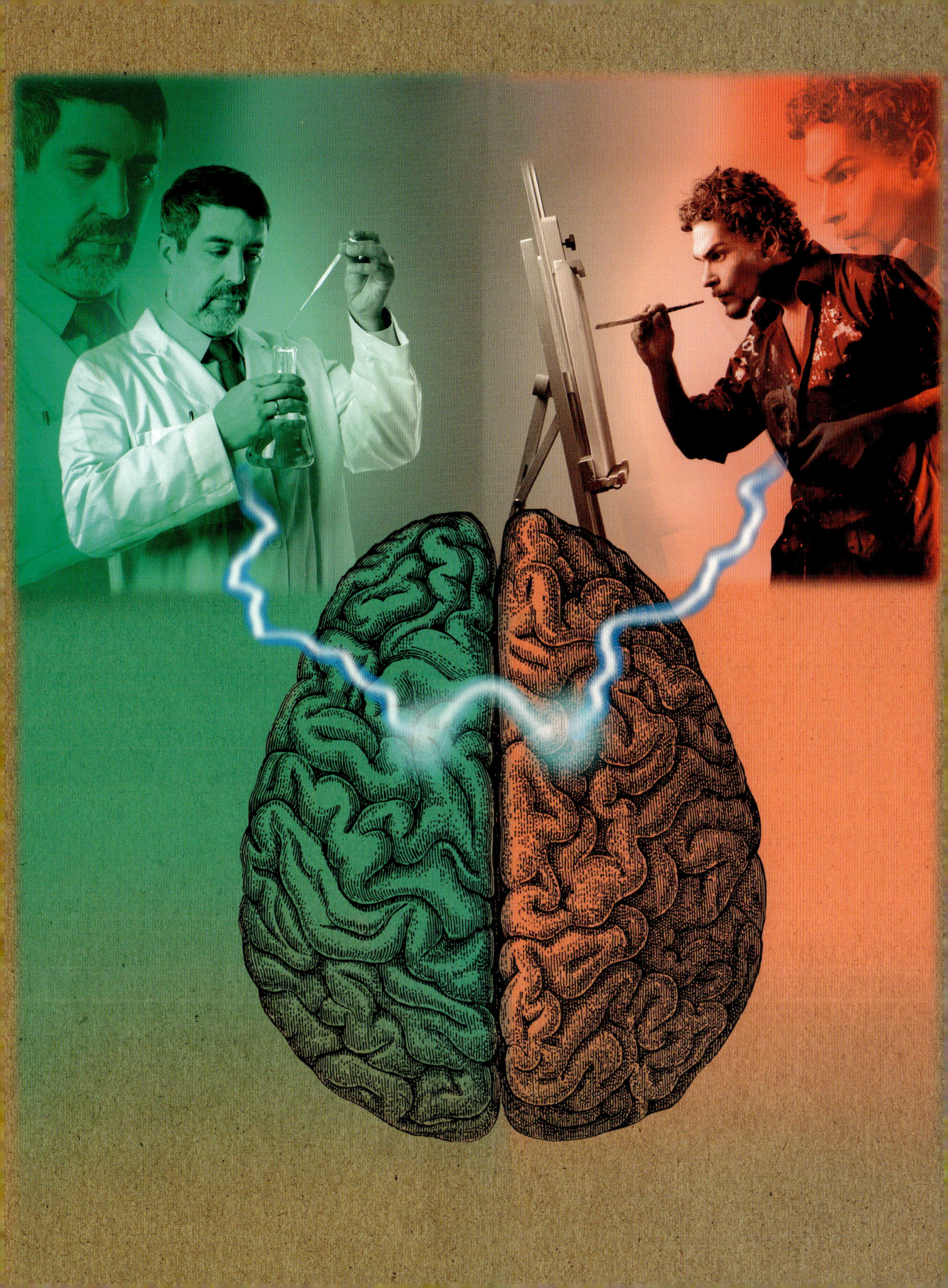

ESTIMULAÇÃO CEREBRAL

Wilder Penfield, um dos mais

influentes neurocirurgiões do século XX (pp. 64-5), frequentemente operava pacientes com epilepsia severa enquanto eles estavam conscientes (uma operação no cérebro em si não causa dor). A fim de minimizar a quantidade de tecido cerebral extirpada, ele inovou ao usar uma sonda elétrica para estimular os neurônios e determinar com maior precisão se eles integravam a anomalia principal causadora das convulsões. Ele logo descobriu que esse método era útil também para mapear as funções de diferentes regiões cerebrais e relatou, por exemplo, que a estimulação de um único neurônio nos lobos temporais reativaria memórias completas no paciente. A estimulação magnética transcraniana (EMT) é uma popular técnica moderna sucessora desse método. Trata-se de um procedimento não invasivo que inflige um pulso magnético breve ao couro cabeludo para estimular a região cortical subjacente (uma área de cerca de 7 cm^2). Dependendo da técnica, isso pode aumentar ou, mais comumente, inibir a atividade na região. Se os voluntários apresentarem desempenho melhor ou pior em determinada tarefa após a EMT ser aplicada a uma região específica do cérebro, tem-se prova de que ela está relacionada ao processo correspondente. Desse modo, a EMT tornou-se uma ferramenta adicional útil para o mapeamento funcional do cérebro.

ONDA CEREBRAL
Neurônios em localizações específicas podem ser estimulados eletromagneticamente, induzindo-se mudanças no pensamento, na percepção ou no comportamento.

BRAINSTORM
Wilder Penfield também descobriu que estimular determinado neurônio pode fazer o paciente pensar que alguém tocou sua bochecha direita, enquanto estimular outro pode causar espasmos em seu dedão do pé esquerdo. Por meio de repetidas estimulações, ele percebeu que os córtex motores e sensoriais formam um mapa bastante ordenado, por exemplo, com movimentos da língua sendo controlados na seção cortical inferior externa. Essa disposição, basicamente a mesma em todos nós, é uma das maiores evidências corticais da localização da função.

TEMAS RELACIONADOS
A LOCALIZAÇÃO
DAS FUNÇÕES
p. 36

NEUROPSICOLOGIA
p. 56

NEUROIMAGEM
p. 58

DADOS BIOGRÁFICOS
WILDER PENFIELD
1891-1976
Pioneiro da estimulação cerebral, descobriu mapas neurais sensoriais e motores detalhados

ANTHONY BARKER
1950-
O primeiro a usar a EMT na pesquisa científica

JOHN ROTHWELL
1954-
Inventor da técnica de EMT moderna, estendendo seus efeitos em muitos minutos

Textos por Daniel Bor

Toda essa estimulação cerebral pode deixar a pessoa um pouco inquieta.

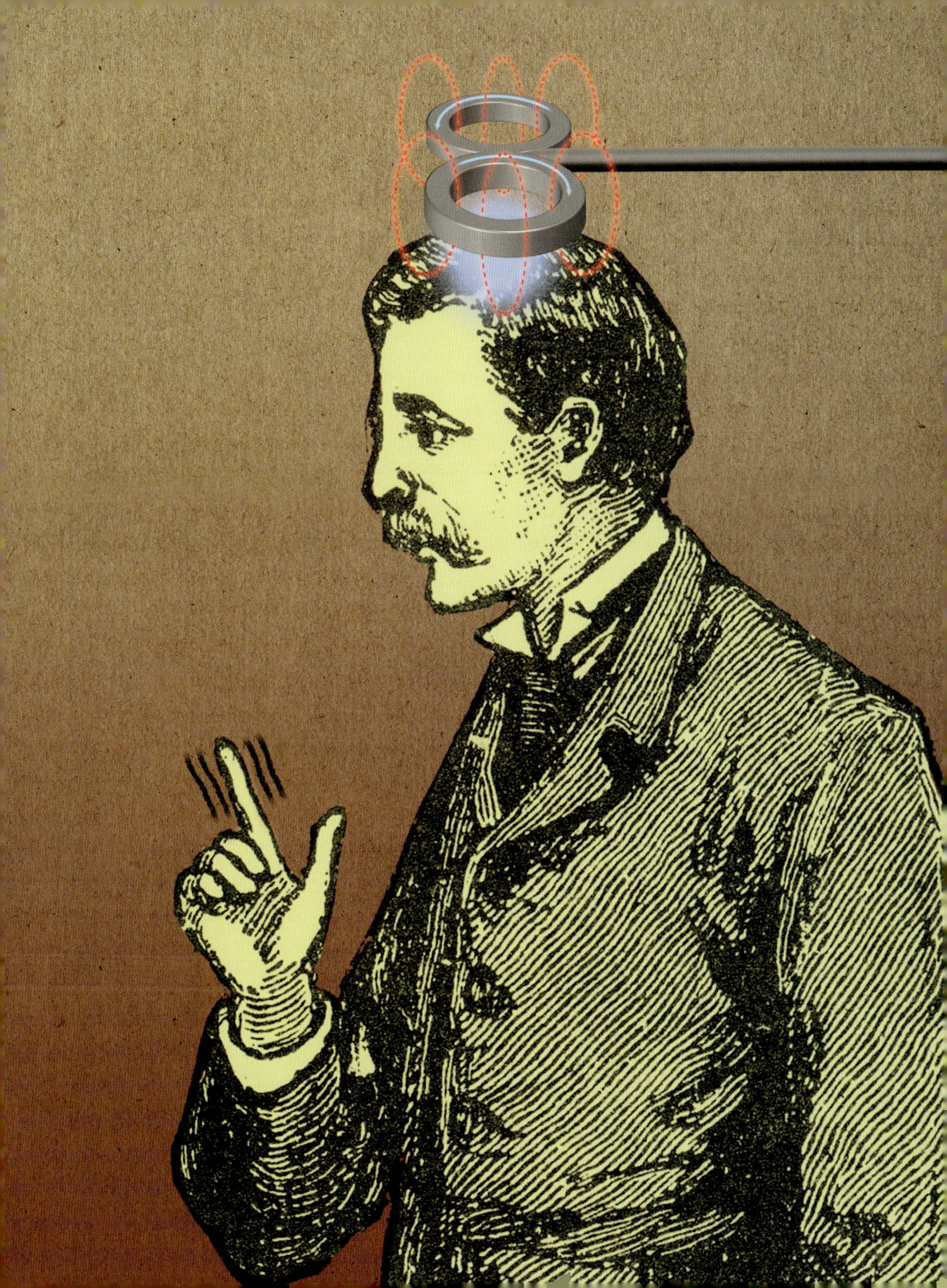

CONSCIÊNCIA

CONSCIÊNCIA
GLOSSÁRIO

área motora suplementar Parte dos lobos frontais e uma possível fonte neural do potencial de prontidão. Estimulação elétrica direta sobre essa região produz a intenção de fazer um movimento.

coma Severo distúrbio de consciência, e o que há de mais próximo à morte cerebral antes do falecimento propriamente dito. Pacientes em estado comatoso não mostram sinais de vigilância ou consciência. A atividade cerebral durante o coma é muito reduzida e, de certa forma, similar àquela observada durante uma anestesia geral.

correlato neural da consciência (CNC) Definido por Francis Crick e Christof Koch como "o conjunto mínimo de mecanismos neuronais necessário para uma percepção específica". A busca pelo CNC – ou CNCs – ainda é a abordagem dominante na neurociência da consciência.

estado vegetativo Grande distúrbio de consciência por vezes decorrente de severos danos cerebrais. Pacientes nessa condição parecem acordados, mas não conscientes.

O estado vegetativo é chamado de "persistente" quando dura mais de um ano. É diferente do coma, no qual os pacientes não mostram sinais de vigilância ou consciência, e também do chamado "estado de mínima consciência", no qual os pacientes apresentam sinais breves e passageiros de consciência.

experiência autoscópica É a experiência de enxergar o próprio corpo de uma perspectiva externa. É diferente de – apesar de relacionada a – experiências extracorporais, que implicam uma mudança na percepção da localização de si mesmo. A heautoscopia, uma forma intermediária, envolve autoscopia com alguma incerteza ou alternância na percepção da localização de si mesmo.

neurotransmissores São o maquinário químico do cérebro. Permitem a comunicação entre neurônios nas sinapses quando um impulso nervoso chega, ao cruzarem a "fenda sináptica" entre o axônio de um neurônio e o dendrito de outro. Há vários tipos de neurotransmissor, mas em termos gerais eles podem ser divididos nos subtipos excitatórios e inibitórios.

potencial de prontidão Um sinal cerebral de lenta ascensão – detectável pelo EEG – que parece preceder decisões voluntárias de realizar ações. Há muitas controvérsias sobre se a existência desses potenciais colocariam em dúvida a noção de livre-arbítrio.

qualia Termo filosófico que se refere em termos gerais às propriedades intrínsecas da experiência consciente – o céu avermelhado ao cair da noite, o som de um sino, o calor de uma lareira etc. Informalmente, é simplesmente o "modo como as coisas parecem ser".

rede pré-frontoparietal A rede que engloba as áreas corticais pré-frontais e parietais, que estão envolvidas na integração sensorial, na atenção e em funções cognitivas de ordem superior. A rede pré-frontoparietal é com frequência associada à consciência, sobretudo nas chamadas teorias do espaço de trabalho global.

rivalidade binocular Método experimental em que se apresenta uma imagem diferente (incompatível) a cada olho, de modo que a percepção consciente se alterne repetidamente entre cada um. Porque a recepção sensorial se mantém constante, examinar a atividade neural durante a rivalidade binocular pode ajudar a revelar a base cerebral da consciência.

sono REM (movimento rápido dos olhos, na sigla em inglês) Fase do sono em que os olhos (apesar de fechados) movem-se rapidamente (daí o nome). O sono REM ocupa cerca de um quarto de uma noite de sono e ocorre sobretudo na alta madrugada, próximo ao amanhecer. Os sonhos são mais comumente associados ao sono REM, mas podem acontecer também durante outras fases do sono.

teoria da informação integrada (TII) Essa teoria matemática propõe que as experiências conscientes surgem da integração de grandes quantidades de informação no cérebro.

teoria do espaço de trabalho global Essa teoria propõe que o conteúdo mental (como percepções, pensamentos, ações) torna-se consciente quando ganha acesso a um "espaço de trabalho global" no cérebro, que permite ser usado de modo flexível no controle do comportamento.

O PROBLEMA DIFÍCIL

Por que todos os processos físicos, como aqueles que acontecem no cérebro, são sempre acompanhados por uma experiência consciente? Esse é o chamado "problema difícil" da consciência, em comparação ao "problema fácil", ou seja, explicar como o cérebro funciona. O problema difícil é abordado há séculos – os antigos pensadores "dualistas", como Descartes, dividiam o universo entre o mental e o material –, mas foi apenas nos anos 1990 que o filósofo David Chalmers cunhou o termo. Os zumbis – do tipo filosófico – também dependem do problema difícil. Um zumbi filosófico (diferentemente daqueles de Hollywood) é igual a uma pessoa real em termos de comportamento, porém ele não vivencia a experiência consciente. Nem todos os filósofos acreditam no problema difícil. Daniel Dennett argumenta que a consciência é mais bem definida em termos da função que ela sustenta, e não pela essência crua da experiência (chamada "qualia"). Um desafio para essa abordagem, porém, é que ninguém sabe de fato para que serve a consciência. Algumas pessoas pensam que o problema difícil será um eterno obstáculo à compreensão científica da consciência, mas talvez essa visão seja injustamente pessimista. Pode ser que, ao se resolver o problema fácil do cérebro, o difícil se solucione por si só.

ONDA CEREBRAL
Como a água do cérebro gera o vinho da consciência? Ninguém sabe… ainda.

BRAINSTORM
Algumas pessoas traçam um paralelo entre o problema difícil e o debate sobre o vitalismo na história da biologia. Em um passado não tão distante, parecia inconcebível que qualquer conjunto de processos biológicos pudesse gerar "vida" sem uma força vital adicional, ou "essência vital". Hoje em dia, aceita-se muito melhor a ideia de que a vida emerge da matéria, apesar de ainda haver muito a se compreender. Talvez o mesmo aconteça com a consciência.

TEMAS RELACIONADOS
CORRELATOS NEURAIS DA CONSCIÊNCIA
p. 82

CONSCIÊNCIA E INTEGRAÇÃO
p. 86

O CÉREBRO ANESTESIADO
p. 90

DADOS BIOGRÁFICOS
RENÉ DESCARTES
1596-1650
Fundador do dualismo; descobriu – ou inventou – o problema difícil

DANIEL DENNETT
1942-
Famoso por sua obra *Consciousness Explained*

DAVID CHALMERS
1966-
Cunhou o termo "problema difícil"

Textos por Anil Seth

Ambos têm circuitos neurais exemplares e rendimento regular, mas apenas um têm consciência.

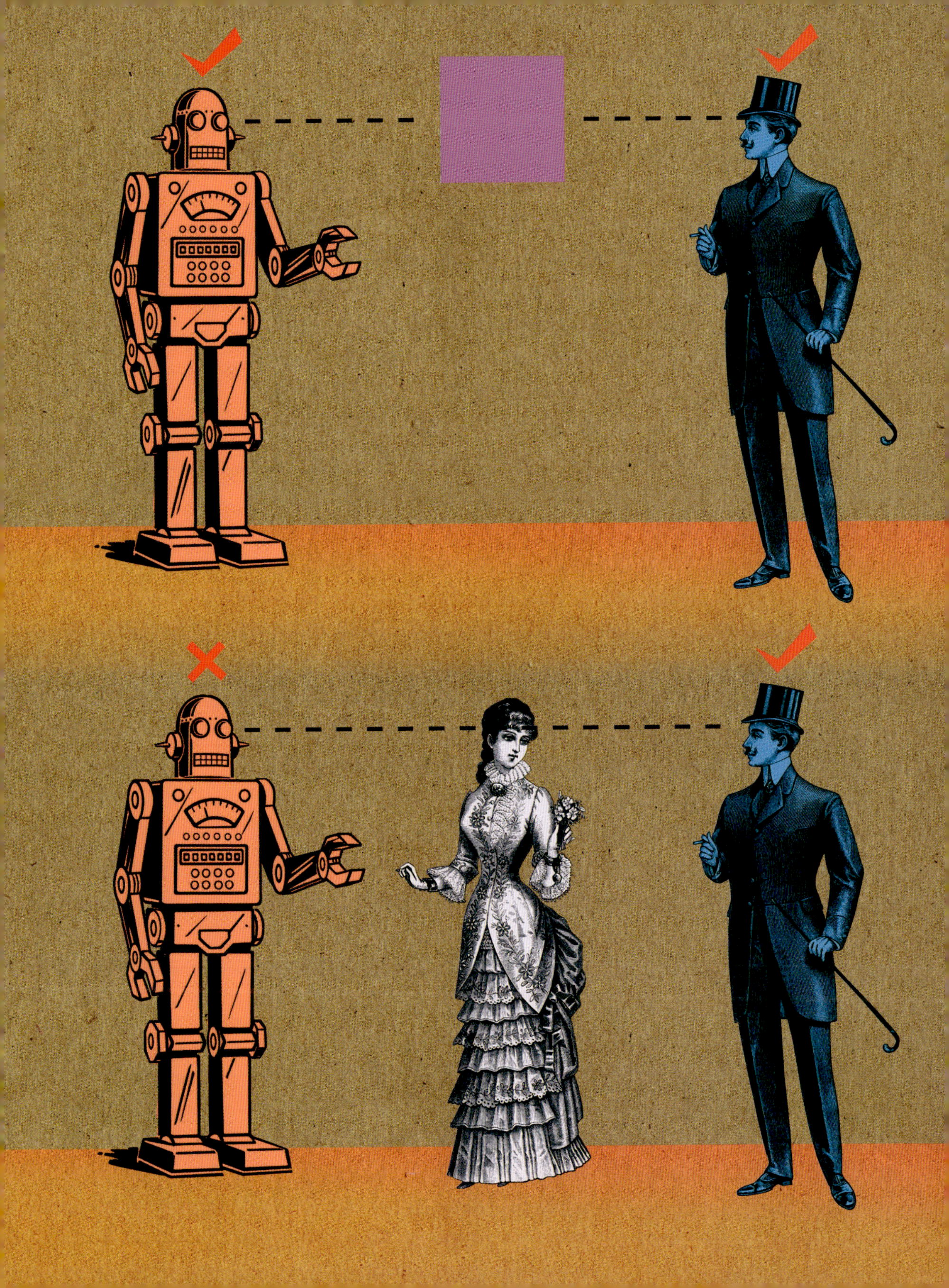

SONO E SONHO

Passamos cerca de um terço de nossa vida dormindo e, quando não sonhamos, estamos completamente sem consciência. Até a humilde mosca-das-frutas dorme, enquanto outras criaturas, como os golfinhos, adormecem metade do cérebro de cada vez. O sono é importante: ao ficar uma noite sem dormir, já sofremos no dia seguinte; não dormir por um período longo pode levar à morte. Quando adormecemos, a rápida atividade elétrica presente no estado de vigília diminui, e ondas profundas e lentas começam a correr pelo córtex. A maior parte dos receptores sensoriais é bloqueada, e os sinais nervosos para os músculos são interrompidos, impedindo que encenemos fisicamente o que estamos fazendo em nossos sonhos. Apesar disso, o cérebro se mantém quase tão ativo como quando estamos acordados. O sono em geral é dividido em três fases de profundidade crescente, mais a fase de "movimento rápido do olho" (REM), na qual a atividade cerebral é similar à da vigília e a maioria dos sonhos ocorre. Há muitas teorias sobre por que dormimos. Alguns pesquisadores pensam que o sono ajuda a consolidar as memórias do dia anterior. Outros acreditam que reequilibra os níveis de neurotransmissores. Os sonhos são ainda mais misteriosos. Freud acreditava que eles representam a satisfação de desejos do subconsciente. Uma teoria mais recente argumenta se tratar apenas do cérebro tentando interpretar sua própria atividade quando desligado do mundo externo.

ONDA CEREBRAL
O sono é a forma de o cérebro lidar com o estado de vigília.

BRAINSTORM
A consciência do sonho é diferente da normal. Quando sonhamos, aceitamos facilmente eventos bizarros, mostramos uma autoconsciência reduzida e em geral carecemos de experiências volitivas. Talvez isso tenha a ver com a baixa atividade no córtex pré-frontal durante o sonho. E o sonho não se limita ao sono REM – relatos de sonhos são também comuns após acordarmos do sono de "ondas lentas" inicial, apesar de em geral esses sonhos serem relativamente estáticos, algo como imagens instantâneas, e não possuírem o personagem do "eu".

TEMAS RELACIONADOS
OSCILAÇÕES CEREBRAIS
p. 46

O CÉREBRO ANESTESIADO
p. 90

IMAGINAÇÃO
p. 122

DADOS BIOGRÁFICOS
SIGMUND FREUD
1856-1939
Propôs que os sonhos representam desejos inconscientes não satisfeitos

ALLEN HOBSON
1933-
Psiquiatra americano famoso por sua teoria do sono conhecida como "modulação da informação de ativação" (AIM, na sigla em inglês)

Textos por Anil Seth

O sono oferece ao cérebro a chance de dar conta da papelada, rir dos eventos do dia e aproveitar um tempo para si mesmo.

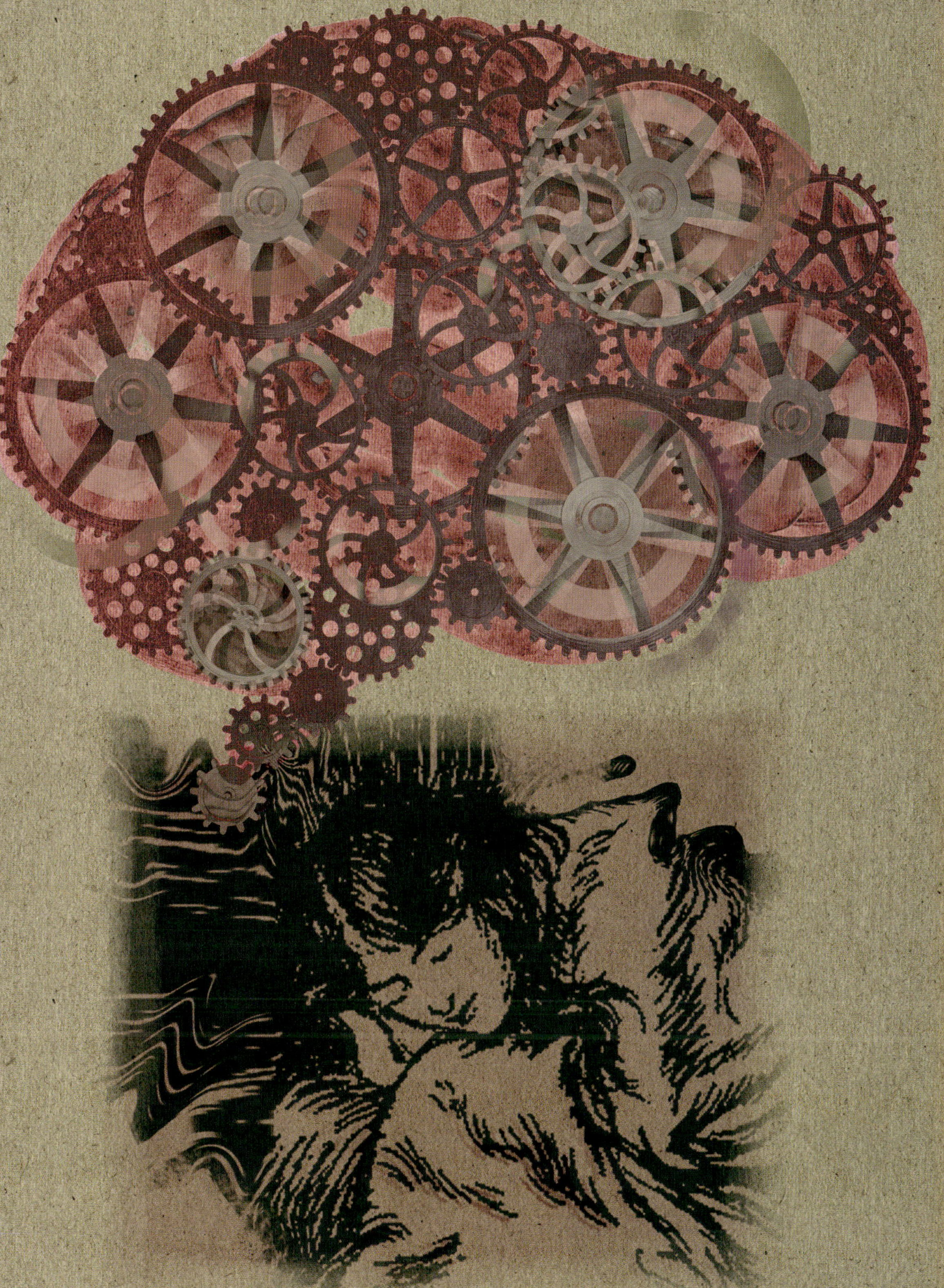

8 de junho de 1916
Nasce Francis Harry Compton Crick em Weston Favell, Northampton, Inglaterra

1937
É bacharel em física pelo University College London

1939-45
Trabalha para a marinha como membro de uma equipe de cientistas

1947
Começa a estudar biologia; trabalha no Strangeways Research Laboratory em Cambridge, Reino Unido

1950
Como estudante, atua na área de pesquisa no Gonville & Caius College, Cambridge

1952
Torna-se amigo de James D. Watson

1953
Propõe a estrutura de dupla hélice do DNA com Watson

1954
Doutorado por Cambridge em difração de raios X, polipeptídios e proteínas

1959
Membro da Royal Society

1962
Divide o prêmio Nobel de Fisiologia ou Medicina com James D. Watson e Maurice Wilkins (mas não Rosalind Franklin) por seu trabalho com a estrutura do DNA

1967
Publica Of Molecules and Men [Sobre moléculas e homens]

1977
Deixa o Reino Unido para trabalhar em tempo integral no Salk Institute; simultaneamente, assume como professor na Universidade de San Diego

1981
Publica Life Itself: Its Origin and Nature [A vida em si: Sua origem e sua natureza]

1982
Publica artigo com Graeme Mitchison sobre a função do sono REM

1988
Publica What Mad Pursuit: A Personal View of Scientific Discovery [Que busca mais louca: Uma visão pessoal sobre a descoberta científica]

1990
Inicia trabalho com Christof Koch sobre visão, memória de curto prazo e consciência

1994
Publica The Astonishing Hypothesis: The Scientific Search for the Soul [A hipótese surpreendente: A busca científica pela alma]

28 de julho de 2004
Morre em San Diego

FRANCIS CRICK

Talvez mais conhecido pelo Nobel recebido em parceria com James D. Watson – eles eram o Lennon e o McCartney da biologia molecular –, Francis Crick concentrou em sua ilustre carreira de teórico científico saber suficiente para uma dezena de mentes brilhantes. De fato, as linhas de seu interesse estão ligadas entre si como os feixes de uma hélice de DNA. Ao mesmo tempo, grandes reviravoltas, tanto intelectuais quanto geográficas, caracterizaram sua vida, e seu legado é uma empolgante combinação de trabalho duro e inspirados saltos criativos, com ocasionais incursões em áreas mais controversas, como a teoria da panspermia e a eugenia. O oposto de um acadêmico em torre de marfim, ele acreditava que não se poderia desenvolver a teoria científica isolado da experiência humana. Atuava com entusiasmo também na popularização da ciência, em vários livros que explicam conceitos difíceis de modo acessível para mentes leigas curiosas.

Crick iniciou sua vida acadêmica como físico no University College de Londres, mas em 1947 transferiu-se para a biologia, estudando para seu doutorado em Cambridge antes de passar para a genética. Após uma carreira de 30 anos em Cambridge, ele mudou de rumo novamente, partindo para o Salk Institute for Biological Research, em La Jolla, na Califórnia; aprendeu neuroanatomia sozinho e concentrou-se na neurociência teórica. Em 1982, trabalhando com Graeme Mitchison, produziu um artigo sobre as possíveis funções do sono REM e, a partir dos anos 1990, usou seus talentos para recolocar a investigação da consciência no centro da neurociência. Crick ficara chocado com a relutância de neurocientistas em abordar esse problema central, registrando em um artigo de 1990 escrito com Christof Koch ser "incrível como a maior parte do trabalho nas áreas de ciência cognitiva e neurociência não faz nenhuma referência à consciência". A colaboração com Koch durou até sua morte, em 2004, e resultou em uma série de artigos teóricos influentes sobre a relação entre a atividade cerebral e a consciência visual, desenvolvendo a noção de "correlatos neurais da consciência", ou CNCs, como se tornaram conhecidos.

Um pesquisador sempre mais teórico do que prático, Crick tinha como grandes dons as habilidades de discernir padrões e conexões, enxergar o quadro geral sem desprezar os detalhes e compreender que diferentes disciplinas científicas precisam trabalhar juntas para elaborar uma ideia melhor. Se a teoria científica fosse um esporte, Crick teria sido um treinador de primeira, cooptando jogadores de várias disciplinas para montar um time que alcançasse o resultado desejado. Seu último livro, *The Astonishing Hypothesis: The Scientific Search for the Soul*, promoveu abertamente a ideia de que a neurobiologia tinha todas as ferramentas e técnicas necessárias para encarar a já antiga questão de por que (e como) somos conscientes.

CORRELATOS NEURAIS DA CONSCIÊNCIA

Um modo comum de investigar a consciência é comparar a atividade cerebral nas condições consciente e inconsciente, sejam estas estados de consciência diferentes, como durante o sono ou o sonho, sejam experiências conscientes distintas, como enxergar uma casa ou um rosto. Na rivalidade binocular, uma imagem (digamos, uma casa) é apresentada a um olho, e outra imagem (um rosto), ao outro olho. Como o cérebro não consegue resolver essa ambígua informação sensorial em uma única imagem, a experiência consciente do indivíduo se alterna entre a casa e o rosto. Comparar a atividade cerebral entre essas duas condições deveria revelar correlatos neurais de consciência (CNCs) da casa (ou do rosto). Francis Crick (codescobridor da estrutura do DNA, pp. 80-1) e seu colega Christof Koch definiram o CNC como o "o conjunto mínimo de mecanismos neuronais necessário para uma percepção específica". Experimentos atuais ainda não nos permitem alcançar essa visão tão detalhada. Mostrar que certas regiões cerebrais – ou tipos de atividade – correlacionam-se com a consciência não significa provar que elas sejam suficientes, porque outros processos cerebrais podem estar envolvidos também. Ainda assim, muito se aprendeu; por exemplo, que a consciência é em geral associada à ativação de uma grande faixa do córtex – envolvendo as regiões pré-frontais e parietais – e que conexões de "cima para baixo" de regiões cerebrais superiores com regiões sensoriais também são vitais.

ONDA CEREBRAL
A atividade cerebral pode se correlacionar com a experiência consciente, mas por acaso a explica?

BRAINSTORM
Um grande problema em relação à abordagem do CNC é a dificuldade em certificar-se de que o único aspecto que ele altera é a experiência consciente. Em geral, quando temos consciência de "X", também demonstramos isso, seja verbalmente, seja apertando um botão, por exemplo. Assim, torna-se complicado desenredar o CNC de processos cerebrais relacionados, como atenção, memória e o comportamento observado.

TEMAS RELACIONADOS
CONSCIÊNCIA E INTEGRAÇÃO
p. 86

VOLIÇÃO, INTENÇÃO E LIVRE-ARBÍTRIO
p. 88

IMAGINAÇÃO
p. 122

DADOS BIOGRÁFICOS
CHRISTOF KOCH
1956-
Longevo colaborador de Crick e pioneiro da abordagem dos CNCs com foco na consciência visual

GERAINT REES
1967-
Neurocientista cognitivo que forneceu grande entendimento sobre os CNCs da consciência visual; pioneiro da pesquisa sobre CNCs estruturais

Textos por Anil Seth

Isso é um rosto? Isso é uma casa? Pare de brincar com meus CNCs.

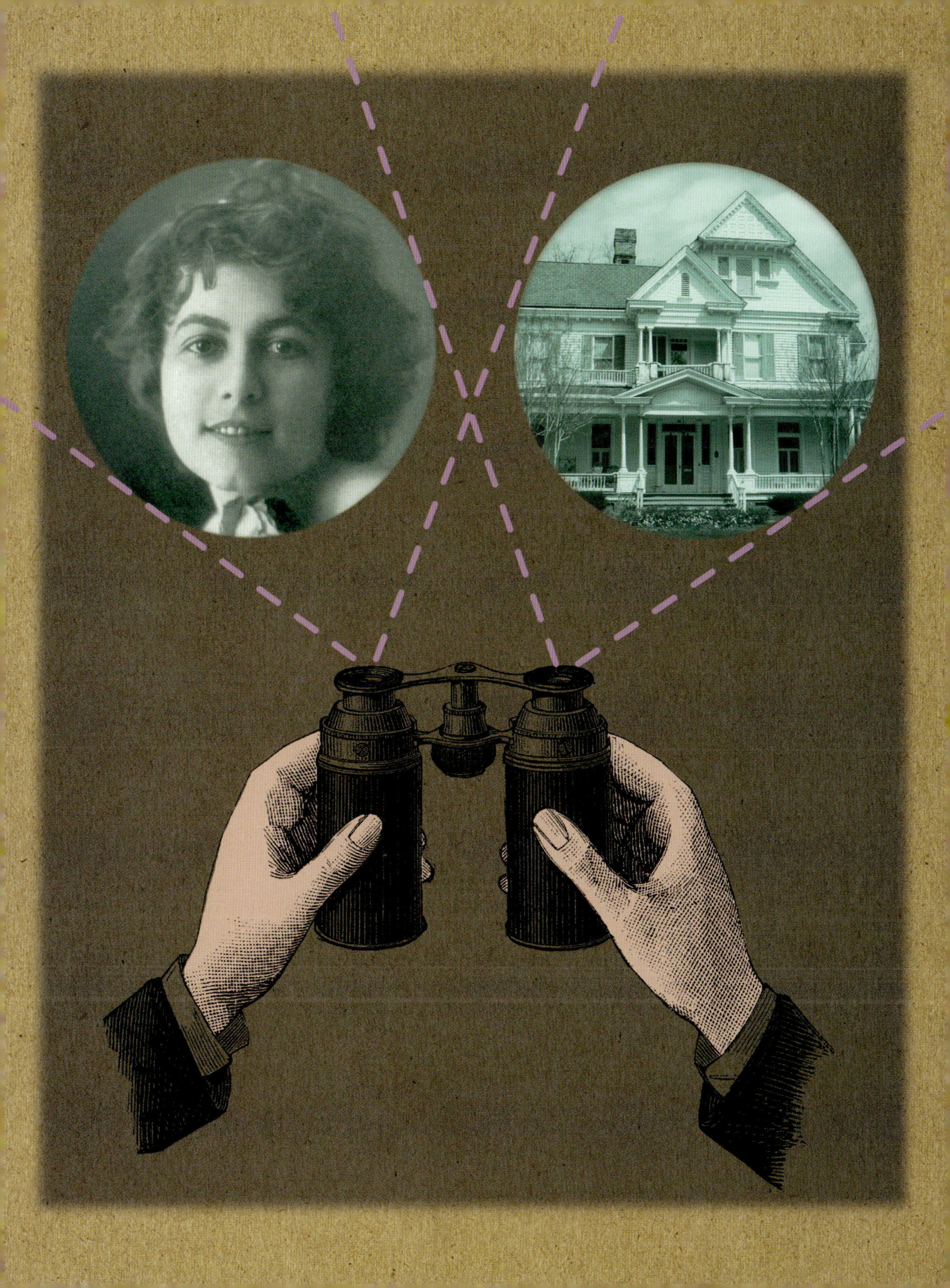

CONSCIÊNCIA CORPORAL

A experiência de possuir e se identificar com um corpo em particular é parte de qualquer cenário consciente. Isso pode parecer óbvio, mas muitas evidências mostram que nossa experiência corporal é ativamente construída pelo cérebro tanto quanto nossa experiência do mundo externo. Na hoje clássica "ilusão da mão de borracha", movimentos simultâneos de uma mão falsa e da mão real de uma pessoa, com atenção visual voltada para a mão falsa, levam o indivíduo a considerar a mão falsa como parte de seu corpo. Isso significa que o cérebro infere quais partes do mundo pertencem ou não ao corpo com base nas correlações entre diferentes sentidos. Por outro lado, se por infelicidade uma pessoa perder um membro, ela pode continuar a experienciar sensações provindas daquele membro, mesmo que ele não exista mais (é a chamada "síndrome do membro fantasma"). De novo, isso mostra que o cérebro constrói um "modelo corporal", nem sempre compatível com o corpo físico. Estudos recentes levaram essa abordagem além. Usando combinações inteligentes de realidade virtual, câmeras portáteis para cabeça, estimulação multissensorial e aspectos de "experiências extracorporais", pesquisadores induziram experiências "autoscópicas" que levaram o indivíduo a perceber não apenas uma falsa mão, mas um corpo inteiro – filmado ou virtual – como sendo seu.

ONDA CEREBRAL
A experiência de nosso eu corpóreo e de sua localização no espaço é ativamente construída pelo cérebro e surpreendentemente passível de mudanças.

BRAINSTORM
O modelo corporal do cérebro depende de inúmeras regiões cerebrais, incluindo os córtex parietal e somatossensorial, a junção temporoparietal e o giro angular. Danos a essas áreas podem levar a uma variedade de síndromes, como a somatoparafrenia (em que o indivíduo nega a posse sobre uma parte do corpo, por vezes atribuindo-a a outra pessoa) e a xenomelia (o desejo de amputar um membro completamente saudável). Estimulação elétrica e danos ao giro angular em pacientes podem ocasionar experiências extracorporais.

TEMAS RELACIONADOS
O CÉREBRO BAYESIANO
p. 50

SÍNDROME DA MÃO ALIENÍGENA
p. 112

DADOS BIOGRÁFICOS
V. S. RAMACHANDRAN
1951-
Pioneiro da investigação sobre a síndrome do membro fantasma e desenvolvedor da "caixa de espelhos", inovadora terapia de baixa tecnologia

OLAF BLANKE
1969-
Conhecido por seu trabalho sobre a base neural da autoconsciência

THOMAS METZINGER
1958-
Filósofo e autor da "teoria da subjetividade do automodelo", uma teoria da consciência

Textos por Anil Seth

Isso que vejo diante de mim é uma mão? Seria minha? A ilusão da mão de borracha engana o cérebro e o faz pensar que a falsa mão é real.

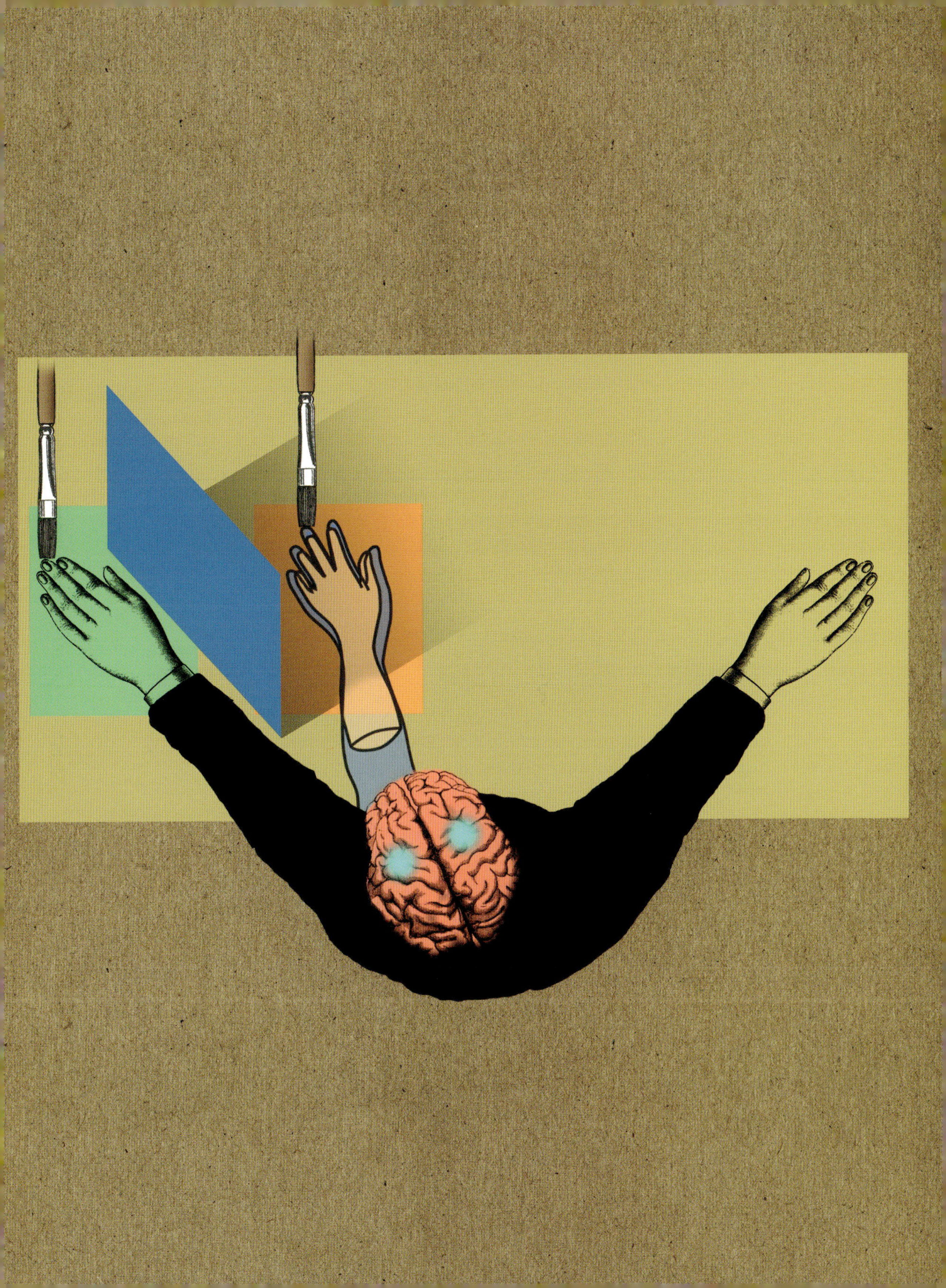

CONSCIÊNCIA E INTEGRAÇÃO

ONDA CEREBRAL
Não existe um centro de atividades no cérebro – a consciência depende da integração da atividade neural entre diferentes regiões cerebrais.

BRAINSTORM
Estudos de neuroimagem sugerem que os córtex pré-frontais e parietais são particularmente importantes para a consciência e podem formar parte de um espaço de trabalho global. Porém, é difícil saber se essas regiões geram a consciência em si ou se elas implementam processos associados, como atenção, memória e relatos verbais de experiências conscientes. A teoria da informação integrada (TII) é menos específica quanto à neuroanatomia subjacente, mas ressalta a importância das interações entre o tálamo e o córtex.

Muitos neurocientistas acreditam que os processos críticos da consciência envolvem a integração da atividade neural entre diferentes regiões cerebrais. De acordo com a "teoria do espaço de trabalho global", conteúdos mentais específicos (como percepções, pensamentos ou intenções de agir) permanecem inconscientes a não ser ou até que ganhem acesso a um "espaço de trabalho global", que os transmite para todo o cérebro, tornando-os disponíveis para o controle flexível do comportamento. Essa teoria nos leva a imaginar um teatro em que os conteúdos mentais tornam-se conscientes apenas se iluminados no palco, quando podem ser vistos pelo público e com ele interagir. A teoria da informação integrada (TII) também trata de redes, mas seu ponto de partida é que toda experiência consciente é única – uma dentre um repertório de experiências possíveis –, resultando na criação de uma quantidade imensa de informação. A consciência é também integrada, no sentido de que todos os sons, visões, pensamentos e emoções que experimentamos a qualquer momento estão conectados entre si em uma única cena consciente. A TII sugere que essa combinação de informações e integração podem ser quantificadas matematicamente e que isso corresponderia ao nível de consciência experienciado. A "informação integrada" deveria atingir níveis altos no estado normal de vigília e baixos durante estados inconscientes, como o sono sem sonhos.

TEMAS RELACIONADOS
O PROBLEMA DIFÍCIL
p. 76

CORRELATOS NEURAIS DE CONSCIÊNCIA
p. 82

O CÉREBRO ANESTESIADO
p. 90

DADOS BIOGRÁFICOS
BERNARD BAARS
1946-
Psicólogo, criador da teoria do espaço de trabalho global e autor de *A cognitive theory of consciousness* (1988)

GIULIO TONONI
1960-
Neurocientista e psiquiatra, criador da teoria da informação integrada da consciência; também conhecido por seu trabalho sobre a neurofisiologia do sono

Textos por Anil Seth

Circuitos neurais são as notas na partitura — consciência é o que acontece quando a música é tocada.

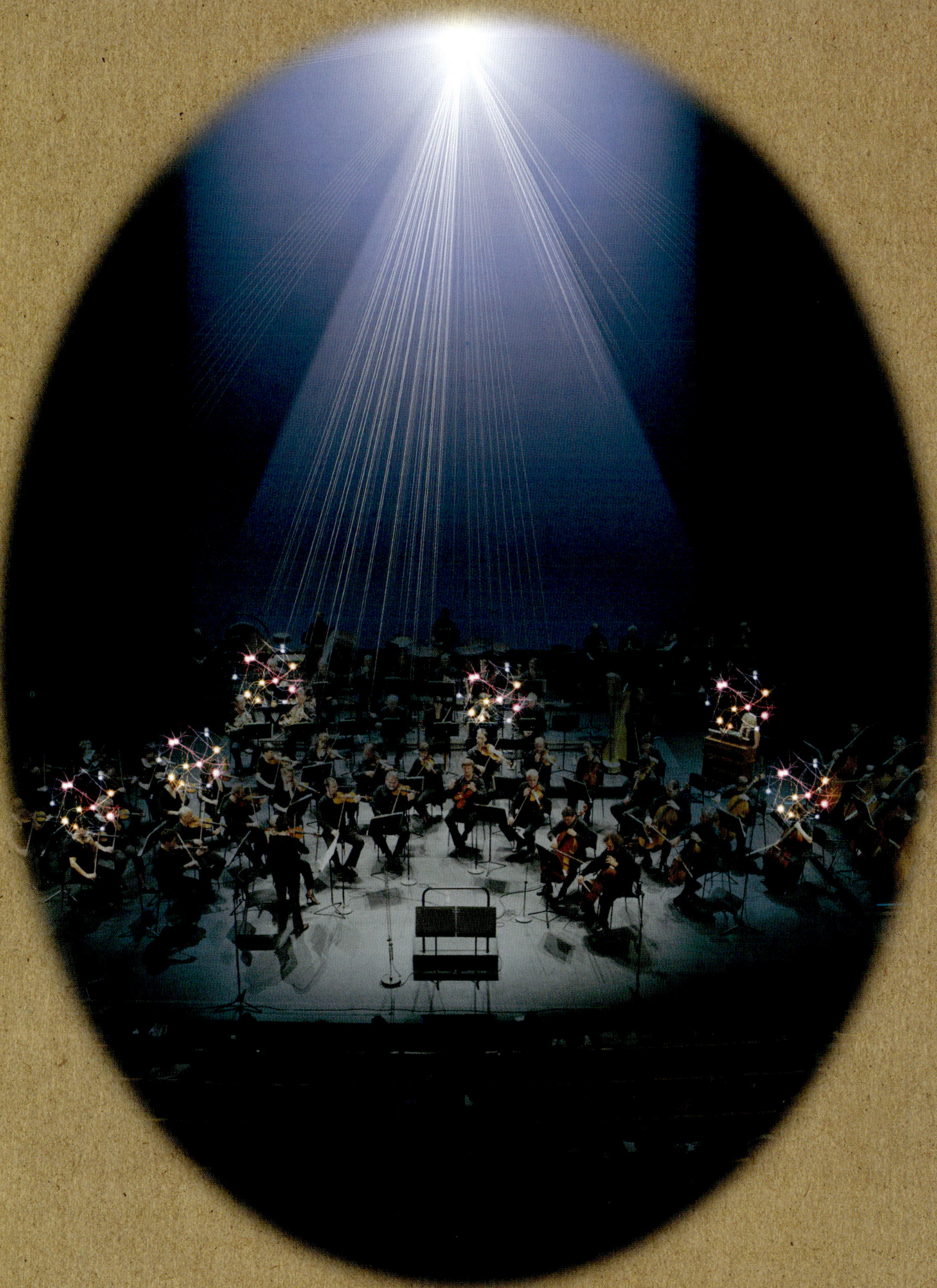

VOLIÇÃO, INTENÇÃO E LIVRE-ARBÍTRIO

Nos anos 1980, Benjamin Libet

realizou um dos mais notáveis experimentos da neurociência moderna. Ele pediu aos participantes que levantassem um dedo, no momento que escolhessem, e notassem, olhando para o ponteiro de um relógio, quando sentiam a vontade de fazê-lo. Enquanto isso, Libet registrava a atividade elétrica de seus cérebros, encontrando confiáveis padrões de atividade – "potenciais de prontidão" – que precediam o momento do impulso volitivo em cerca de meio segundo. Alguns citam isso como evidência de que o cérebro compromete-se com uma ação (levantar o dedo) antes mesmo de termos consciência de sua intenção de fazê-lo, aparentemente desafiando a noção comum de livre-arbítrio. Porém, muitos consideram os resultados de Libet pouco surpreendentes – todos os eventos que dependem do cérebro, sejam comportamentos (levantar um dedo), sejam experiências (a intenção consciente de fazê-lo), teriam causas prévias no cérebro. Os potenciais de prontidão registrados por Libet estão associados a uma região cerebral chamada de "área motora pré-suplementar", e, de fato, o neurocirurgião Itzhak Fried descobriu que uma suave estimulação elétrica nessa área produz uma experiência de intenção de movimento, enquanto uma estimulação mais forte leva ao movimento propriamente dito. Mas a controvérsia continua ainda hoje. Parece que estamos dispostos a nos apegar à ideia de livre-arbítrio consciente.

ONDA CEREBRAL
Enquanto talvez não exista algo como "livre-arbítrio", a experiência de volição ou a intenção de comportamento certamente existem e podem ser localizadas no cérebro.

BRAINSTORM
O próprio Libet ficou desconfortável com as implicações de seus experimentos. Ele propôs que a consciência talvez imponha um "veto" entre o potencial de prontidão e a execução do movimento correspondente. Isso implicaria "livre-negação" em vez de "livre-arbítrio". Mas seja um, seja outro, a ideia de que a consciência possa de alguma forma intervir diretamente nos processos cerebrais é bastante problemática. Experimentos recentes, portanto, buscaram assinaturas neurais desses "vetos" conscientes.

TEMAS RELACIONADOS
O PROBLEMA DIFÍCIL
p. 76

COORDENAÇÃO ENTRE OLHO E MÃO
p. 108

SÍNDROME DA MÃO ALIENÍGENA
p. 112

DADOS BIOGRÁFICOS
BENJAMIN LIBET
1916-2007
Reconhecido por seus originais experimentos no timing de intenções conscientes

PATRICK HAGGARD
1965-
Neurocientista cognitivo que expandiu o trabalho de Libet em uma variedade de aspectos, inclusive buscando assinaturas cerebrais de vetos conscientes

Textos por Anil Seth

Quem está apontando o dedo aqui? Você ou o chefão que vive em seu crânio?

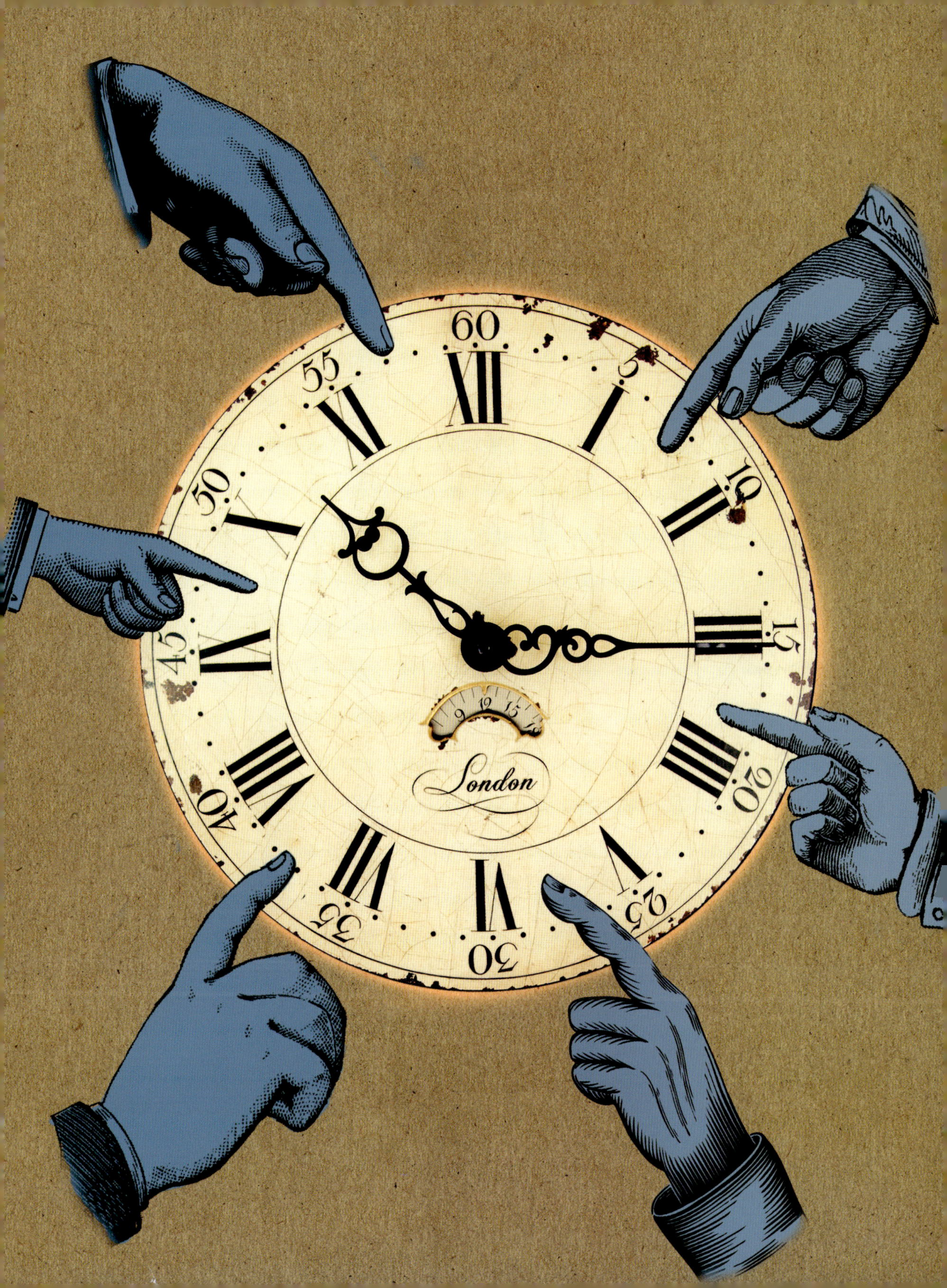
London

O CÉREBRO ANESTESIADO

Imagine um mundo sem anestesia. Consultas ao dentista seriam complicadas, quanto mais uma grande cirurgia. O desenvolvimento dos anestésicos gerais (AGs) – substâncias que reversivelmente induzem a inconsciência completa – revolucionou a medicina no último século. Eles também forneceram uma janela de muito potencial para a base cerebral da consciência em si. Hoje conhecemos inúmeras substâncias que podem agir como AGs, mas ainda não sabemos de fato como elas funcionam. O que sabemos é que a atividade elétrica do cérebro sob profunda anestesia é diferente de qualquer estado de vigília ou sono, assemelhando-se mais a estados profundos de inconsciência como o estado vegetativo. Estudos de neuroimagem mostraram que os AGs afetam muitas regiões do cérebro, incluindo o córtex parietal e o tálamo, com efeitos menos intensos em áreas sensoriais, como o córtex visual primário. De acordo com a teoria do "interruptor talâmico", os AGs desligam a consciência ao reduzir a atividade em partes específicas do tálamo. Porém, ainda não se sabe se essa desativação é a causa ou a consequência da perda de consciência. Talvez o tálamo seja necessário para permitir que outras áreas corticais se comuniquem, e seria a perda da comunicação que levaria à inconsciência.

ONDA CEREBRAL
A anestesia geral aperta o interruptor de liga/desliga da consciência – mas há apenas um ou vários deles? Não sabemos como os anestésicos funcionam, mas ainda bem que eles o fazem.

BRAINSTORM
A inconsciência deve ser diferenciada da impassibilidade. Anestésicos gerais podem inibir a resposta comportamental ao agir no tronco cerebral, e outros medicamentos paralisantes são por vezes utilizados em combinação para evitar reflexos do corpo durante a cirurgia. Há (raras) ocasiões em que os pacientes acordam durante a cirurgia, e, com base apenas nas respostas comportamentais, não perceberíamos. Essa é uma das razões pelas quais vale a pena desenvolver tecnologias aprimoradas para "medir a consciência".

TEMAS RELACIONADOS
A ARQUITETURA BÁSICA DO CÉREBRO
p. 24

SONO E SONHO
p. 78

CONSCIÊNCIA E INTEGRAÇÃO
p. 86

COMA E O ESTADO VEGETATIVO
p. 92

DADOS BIOGRÁFICOS
WILLIAM T. G. MORTON
1819-1868
Pioneiro da anestesia geral; em 1846 tornou-se o primeiro a demonstrar o uso de éter como um anestésico

Textos por Anil Seth

O interruptor para desligar. O tratamento de canal dentário não seria o mesmo sem ele.

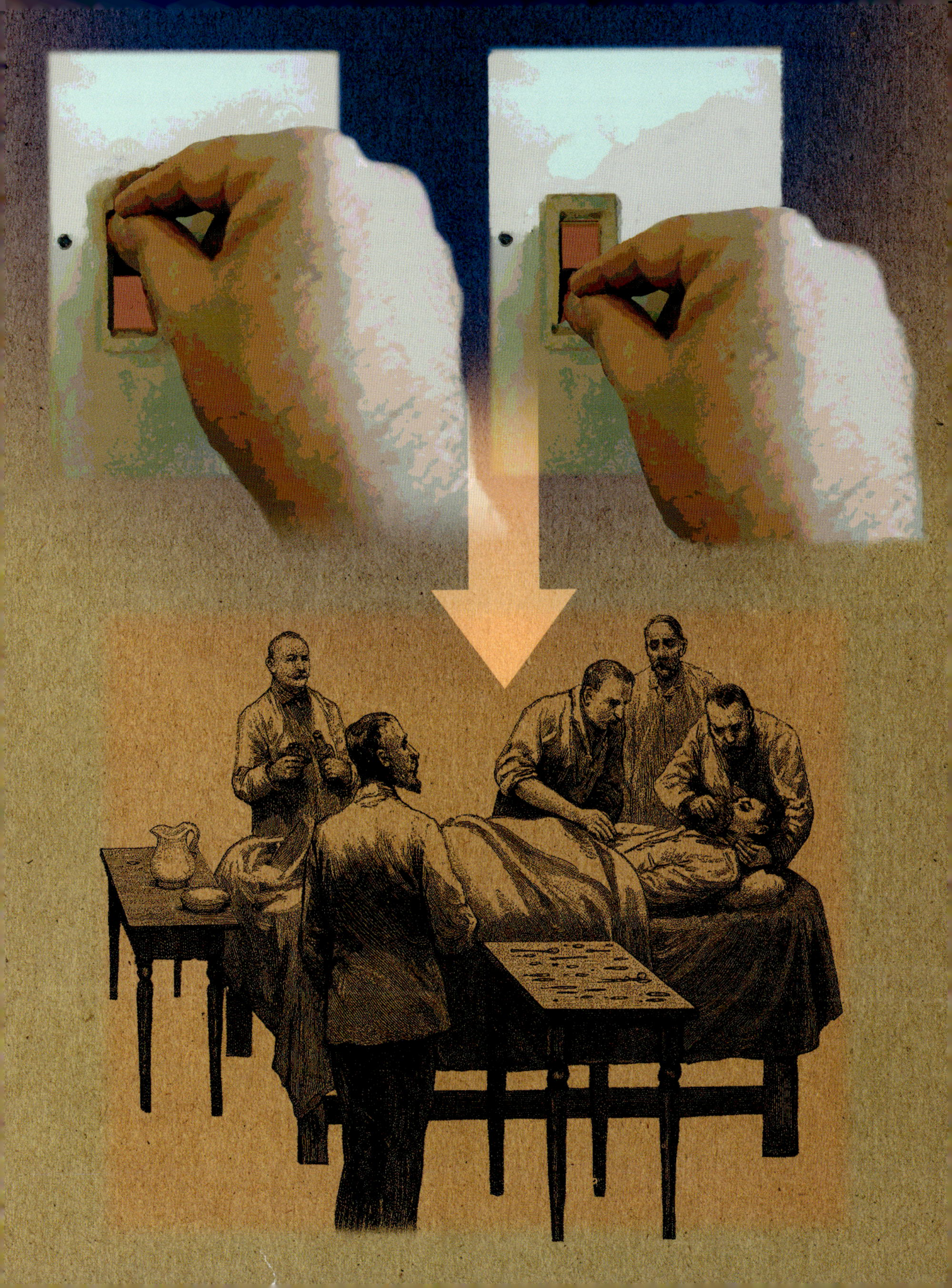

COMA E O ESTADO VEGETATIVO

Quem tem a infelicidade de sofrer um dano cerebral severo pode entrar em coma, estado no qual não há consciência e a atividade cerebral fica bastante diminuída. Se a pessoa sobreviver, talvez se recupere para um estado vegetativo, em que parecerá *acordada*, mas não *consciente*. Essa condição pode persistir por anos, até décadas. Tais estados, em geral, são diagnosticados observando-se o comportamento do paciente, mas a neuroimagem moderna derrubou muitas suposições. Em 2006, Adrian Owen e colegas pediram a um paciente aparentemente vegetativo que se imaginasse jogando tênis ou andando ao redor de sua casa enquanto realizavam uma ressonância magnética funcional. Apesar de não revelar sinais externos de compreensão, o paciente apresentou atividade cerebral relacionada a cada uma das tarefas no tempo apropriado. Casos como esse são raros, mas mostram que ao menos alguns pacientes tidos como inconscientes estão de fato conscientes. Esse método pode também ser usado para se comunicar com pacientes, pedindo-se que imaginem diferentes atividades para "sim" e "não" e lendo-se as respostas durante o escaneamento. Infelizmente, estamos muito longe de desenvolver curas para tais condições. Novas técnicas, por exemplo a estimulação profunda do cérebro, revelam progressos, mas apenas em uma minoria de pacientes.

ONDA CEREBRAL
Estar acordado nem sempre significa estar consciente, e parecer inconsciente exteriormente nem sempre significa que de fato não se tem consciência.

BRAINSTORM
Agora que é possível se comunicar com alguns pacientes comportamentalmente não responsivos, o que deveríamos perguntar a eles? Se sentem dor parece razoável, mas e quanto a saber se desejam continuar vivendo? Ainda é preciso refletir muito sobre a ética de todos esses aspectos. Além disso, máquinas de ressonância magnética funcional são caras e volumosas demais para serem usadas largamente com esse propósito, então pesquisas recentes têm explorado o uso de EEGs portáteis equivalentes relativamente baratos.

TEMAS RELACIONADOS
NEUROIMAGEM
p. 58

O CÉREBRO ANESTESIADO
p. 90

DADOS BIOGRÁFICOS
FRED PLUM
1924-2010
Primeiro a caracterizar o estado vegetativo

ADRIAN OWEN
1966-
Pioneiro da neurociência de distúrbios de consciência e criador do experimento casa/tênis

STEVEN LAUREYS
1968-
Pioneiro da neuroimagem em pacientes vegetativos e em coma

Textos por Anil Seth

Desacordado não significa inconsciente, mesmo que você tiver que se comunicar com hieróglifos.

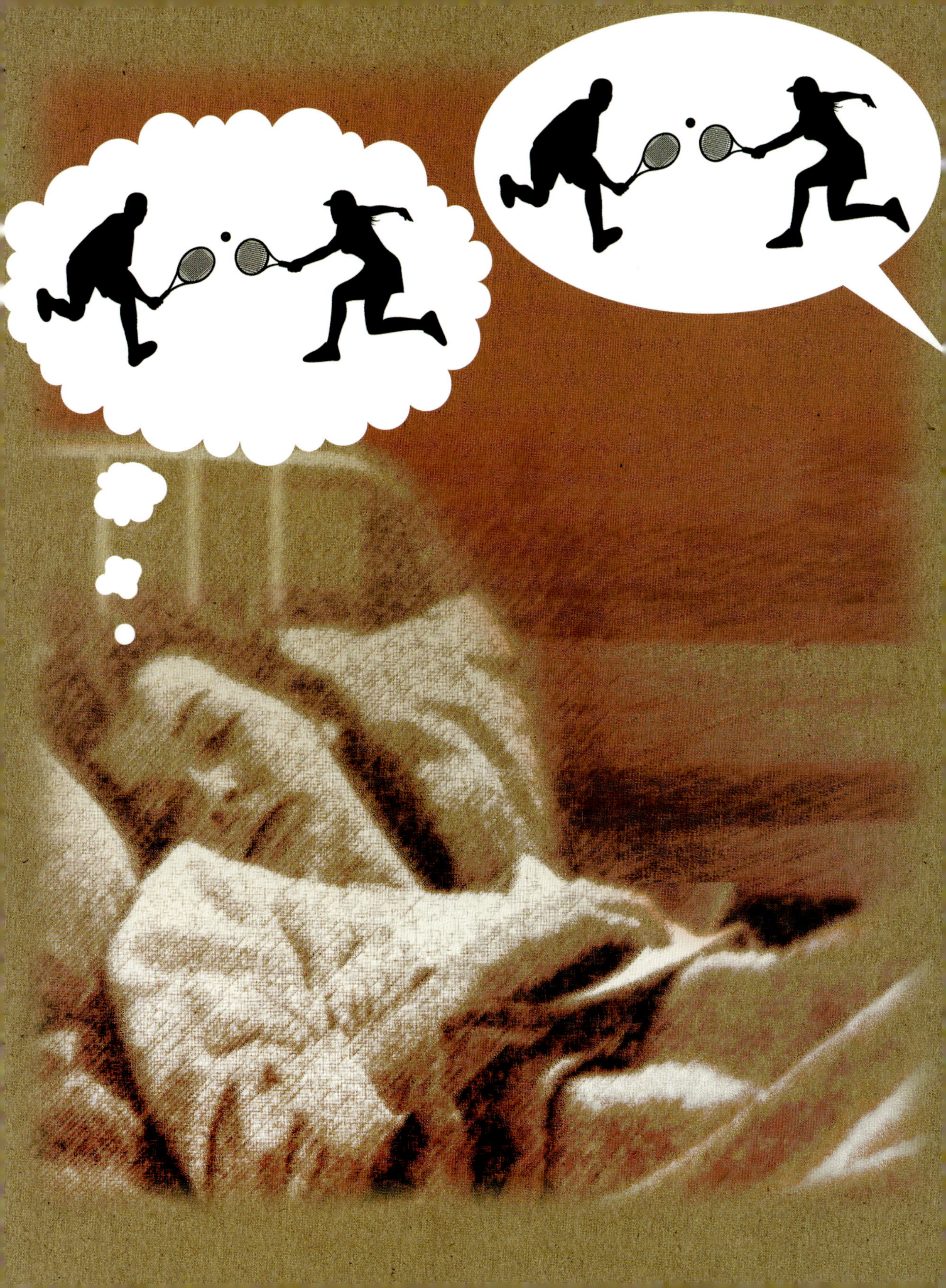

PERCEPÇÃO E AÇÃO

PERCEPÇÃO E AÇÃO
GLOSSÁRIO

área V4 Trata-se de uma das principais subdivisões do córtex visual, nos lobos occipitais do córtex cerebral. A V4 foi batizada por Semir Zeki nos anos 1970 e tem sido intimamente relacionada à percepção de cor, apesar de não se limitar a esse papel.

atenção Processo cognitivo e perceptivo fundamental em que o cérebro prioriza o processamento de alguns sinais em detrimento de outros. Há muitos tipos de atenção (como a atenção a localizações espaciais, objetos ou aspectos de objetos). Em geral, é estudada no contexto da visão, mas está presente em outros sentidos também.

cegueira à mudança Fenômeno pelo qual mudanças surpreendentemente significativas em uma cena visual passam despercebidas se houver uma lacuna entre as imagens, ou se outras mudanças mais salientes acompanharem a transição. Como a cegueira por desatenção, a cegueira à mudança sugere que nossa percepção do mundo talvez não seja tão confiável quanto pensamos.

cegueira por desatenção Relacionada à cegueira à mudança. Nesse caso, objetos visíveis, mas inesperados, podem passar despercebidos se a atenção estiver totalmente focada em outro ponto. Em uma famosa demonstração de Dan Simons, voluntários instruídos a contar o número de passes bem-sucedidos entre jogadores de basquete acabaram não notando um homem vestido de gorila cruzando a quadra.

colículo superior Um par de pequenas estruturas abaixo do córtex cerebral que desempenha importante papel na orientação de reflexos visuais rápidos, como a busca por objetos. Sinais visuais viajando via colículo superior não chegam até o córtex.

constância de cor O processo pelo qual nosso sistema visual compensa mudanças na iluminação que afetam o equilíbrio de ondas luminosas refletidas por superfícies coloridas. Por exemplo, um canteiro de rosas resultará de uma mistura diferente de comprimento de ondas ao amanhecer e ao meio-dia; mesmo assim, apesar de a cor depender exatamente dessa mistura, nós perceberemos as rosas como de um particular tom de vermelho em ambos os casos.

córtex cerebral Camada mais externa do cérebro, com diversos sulcos. Corresponde a cerca de dois terços do volume cerebral e é dividido nos hemisférios esquerdo e direito, que acomodam a maior parte da "substância cinzenta" (assim chamada por causa da falta de mielina, que faz outras partes do cérebro parecerem brancas). O córtex cerebral é separado em lobos, e cada um deles desempenha funções diferentes, entre elas a percepção, o pensamento, a linguagem, a ação e outros processos cognitivos "superiores", como a tomada de decisões.

córtex motor Parte do córtex cerebral, localizado na parte posterior dos lobos frontais e responsável pelo planejamento e pela execução de ações. O córtex motor primário envia sinais de controle diretamente à medula espinhal e de lá para os músculos; áreas motoras de ordem superior estão envolvidas em sequenciamentos e planejamentos mais abstratos de ações, assim como na iniciação de ações voluntárias.

lobos frontais Uma das quatro principais divisões do córtex cerebral e a mais desenvolvida em humanos em comparação com outros animais. Os lobos frontais (um para cada hemisfério) abrigam áreas associadas a tomada de decisões, planejamento, memória, ação voluntária e personalidade.

POR QUE VEMOS CORES

Nossos olhos são apenas o ponto de partida para que enxerguemos cores. Eles contêm receptores específicos para detectar o comprimento das ondas luminosas, sendo esta a propriedade física da luz mais próxima à ideia de cor. Porém, se movermos uma maçã de um local ensolarado para um cômodo à luz de velas, ainda poderemos enxergá-la como vermelha, apesar de os comprimentos das ondas luminosas por ela refletidas serem outros devido às condições de iluminação diferentes. Esse aspecto da cor é computado pelo cérebro, e não pelos olhos. Mais do que isso, algumas das cores que conseguimos ver (como magenta, ou carmesim) não possuem um comprimento de onda correspondente – são inteiramente construídas pelo cérebro. Há uma parte cerebral – a área V4 –, presente em ambos os hemisférios, que é responsável pela percepção de cor. Danos a essa região criam a experiência de ver o mundo em preto e branco. Por que haveria no cérebro uma região dedicada ao processamento de cor? Acredita-se que a V4 calcule a "constância da cor", ou seja, ela infere a cor de uma superfície considerando as condições de iluminação. Essa habilidade pode ter se desenvolvido em nossos ancestrais primatas pela necessidade de identificar com precisão fontes de alimento, por exemplo frutos vermelhos em meio à folhagem verde.

ONDA CEREBRAL
O cérebro tenta descobrir a verdadeira cor de uma superfície independentemente das condições de iluminação; então, enxergar cores não é apenas detectar comprimentos de ondas luminosas.

BRAINSTORM
Não há sete cores em um arco-íris. Nós só pensamos que sim porque temos um número limitado de palavras para descrever as cores que enxergamos. O modo como dividimos as cores em categorias afeta o modo como as enxergamos. Por exemplo, algumas culturas não possuem palavras diferentes para "verde" e "azul", e as pessoas ali têm mais dificuldade em distinguir cores que são azul-esverdeadas, como o turquesa.

TEMAS RELACIONADOS
O CÉREBRO BAYESIANO
p. 50

NEUROPSICOLOGIA
p. 56

SINESTESIA
p. 102

DADOS BIOGRÁFICOS
EDWIN LAND
1909-1991
Propôs uma das primeiras explicações para a constância de cor

SEMIR ZEKI
1940-
Famoso por seus estudos sobre a área V4

Textos por Jamie Ward

Apesar de o comprimento físico das ondas luminosas refletidas pelos quadrados verdes ser o mesmo, um deles é percebido pelo cérebro como muito mais brilhante.

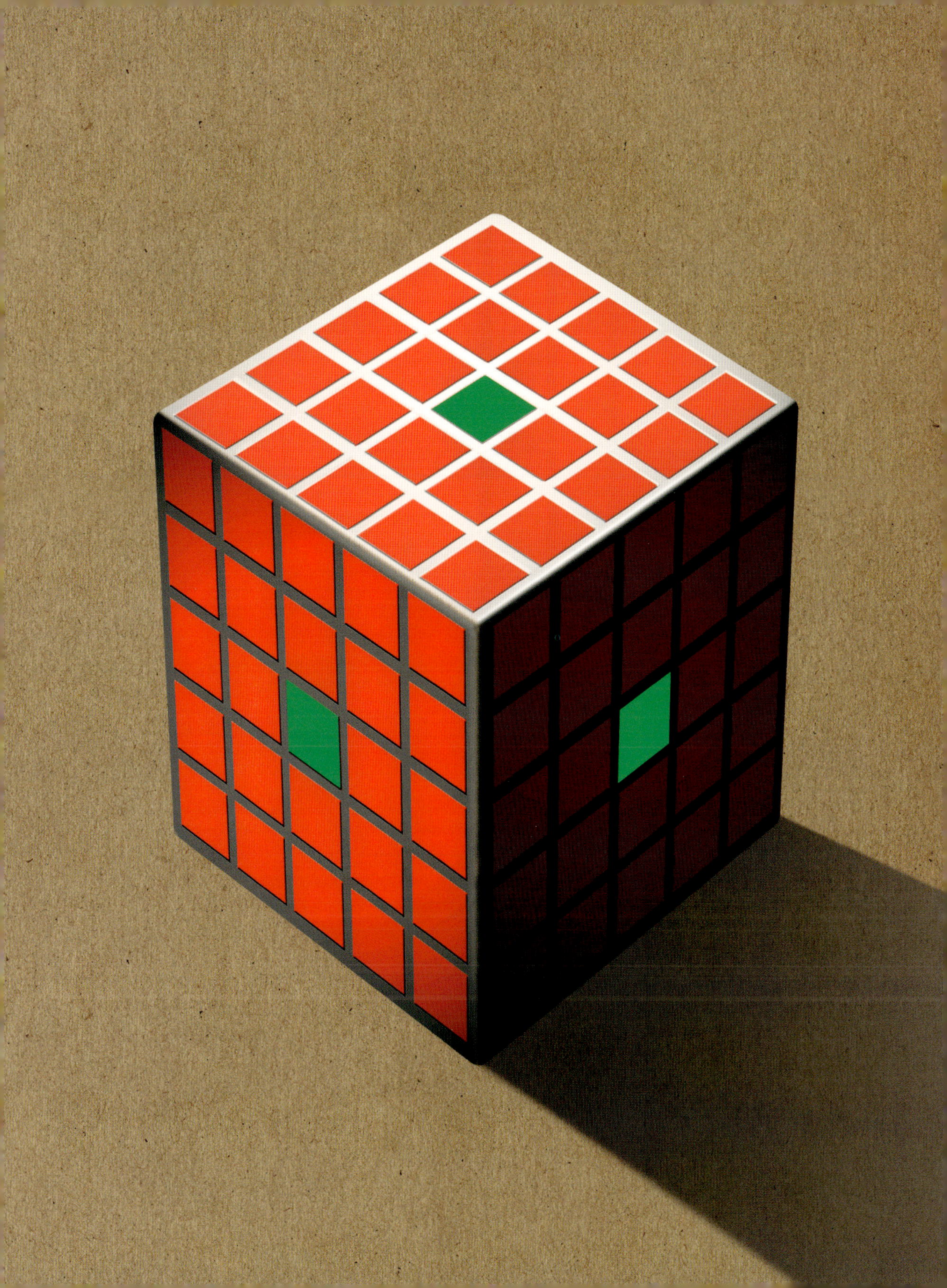

VISÃO CEGA

O paciente GY sofreu um acidente

de carro quando adolescente e danificou uma pequena região do cérebro que fez com que ficasse "cego" em uma porção de seu campo de visão. Quando se apresentava uma luz em movimento a seu campo "cego", ele dizia não conseguir vê-la. Instado a adivinhar se a luz se movia para a esquerda ou para a direita, ele daria a resposta correta em mais de 90% das vezes, apesar de reiterar não ser capaz de enxergá-la. Esse paradoxo é chamado de "visão cega". A chave para compreendê-la está no fato de que não existe apenas uma rota que conecta os olhos ao cérebro, mas muitas (cerca de dez, nos humanos), de modo que danos cerebrais podem afetar apenas uma delas (enquanto danos nos olhos tendem a afetá-las todas). Essas rotas evoluíram para atender diversas funções – uma usa a luz para calibrar o relógio biológico (útil para superar o jet lag), e outra serve para orientar os olhos em caso de mudanças bruscas. Essas rotas ainda funcionam em pacientes como GY, permitindo-lhes "ver" até certo grau. A rota danificada em GY (e em outros como ele) é a principal relacionada ao córtex – importante para enxergar detalhes e intimamente ligada à experiência consciente de ver.

ONDA CEREBRAL
Alguns pacientes com danos às áreas visuais do cérebro dizem não conseguir ver algo, mas adivinham com precisão o que estão "vendo". É a chamada visão cega.

BRAINSTORM
Com frequência nós movemos nossos olhos na direção de algo que acaba por se mostrar importante sem sabermos por que focamos ali. É como se os olhos pudessem ver algo que "nós" não vemos. Porém, não se trata de uma discrepância entre os olhos e o cérebro. Na verdade, isso reflete duas rotas diferentes no cérebro em si – uma rota de visão rápida (via colículo superior), que move os olhos; e uma de visão lenta (via córtex), que detecta os detalhes do que está sendo visto.

TEMAS RELACIONADOS
NEUROPSICOLOGIA
p. 56

CORRELATOS NEURAIS
DA CONSCIÊNCIA
p. 82

ATENÇÃO SELETIVA
p. 106

DADOS BIOGRÁFICOS
GEORGE RIDDOCH
1888-1947
Neurologista que estudou deficiências visuais em soldados com danos cerebrais causados na Segunda Guerra Mundial

LARRY WEISKRANTZ
1926-2018
Pesquisador que cunhou o termo "visão cega"

NICHOLAS HUMPHREY
1943-
Pesquisador e filósofo com interesse na visão

Textos por Jamie Ward

Visão cega significa que você nem sempre capta o quadro todo. Talvez você não tenha visto, mas seu cérebro viu.

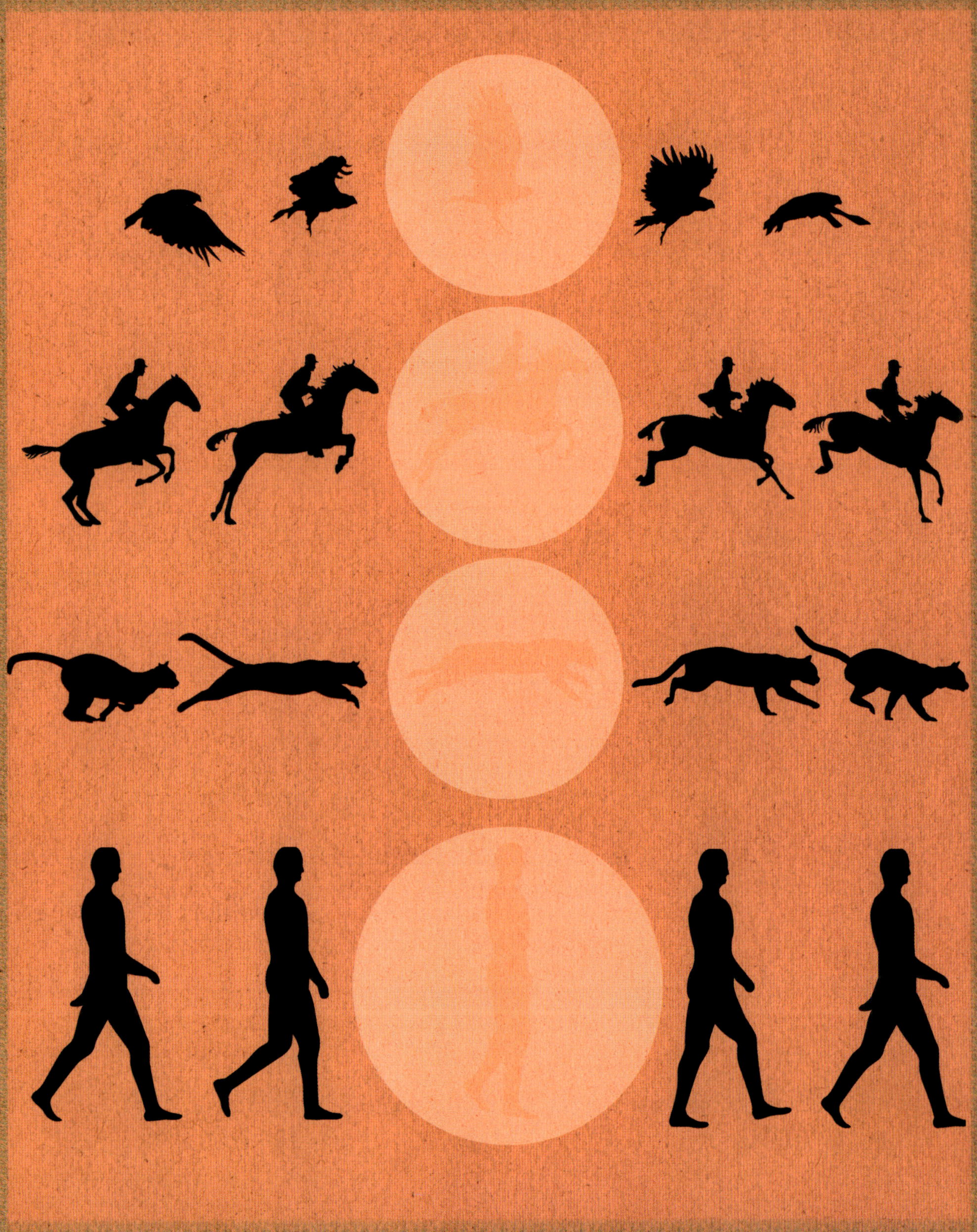

SINESTESIA

Para uma pequena parcela da população, palavras podem ter cores (terça-feira talvez seja azul), a música pode ter gosto ou os números podem ser enxergados em uma paisagem sinuosa e rotativa. Esse modo notável de experimentar o mundo é chamado de sinestesia. Pessoas com sinestesia têm sensações adicionais (por exemplo, sentir o gosto da música além de ouvi-la) que não lhes toma nenhum esforço. Ela aparece no início da vida e tende a ser estável; assim, se terça-feira for hoje azul, o será também amanhã e no ano que vem. Uma chave para não se surpreender tanto com o fenômeno é entender que as percepções conscientes (como as das cores) são criadas pelo cérebro, de modo que podem ser ativadas não apenas por nossos órgãos sensoriais mas também pela atividade em outras partes do cérebro. Nos sinestésicos, o centro de cores pode ser ativado não apenas ao enxergá-las, mas também ao ouvir palavras. Isso porque pessoas com sinestesia possuem padrões conectivos incomuns entre regiões cerebrais – que tendem a ser mais segregadas em outros indivíduos. A rede pode ser genética (a sinestesia é hereditária), mas não é um distúrbio. Por exemplo, ter sinestesia é um fator para ter uma memória melhor.

ONDA CEREBRAL
As percepções não são sempre desencadeadas por nossos órgãos sensoriais (olhos, ouvidos etc.), mas às vezes também pela atividade em outras regiões cerebrais. Para os sinestésicos, ouvir alguém falar pode resultar em enxergar cores.

BRAINSTORM
Daniel Tammett usou sua sinestesia para ajudá-lo a se lembrar dos dígitos do pi acima de 20 mil decimais. Para Daniel, cada dígito tem cor, tamanho e formato próprio, e a sequência de dígitos é uma colorida paisagem que ele pode percorrer com o olho de sua mente. Para pessoas sem sinestesia, visualizar coisas, em geral, melhora a memorização, e relacionar sequências a rotas familiares pode ser uma estratégia para decorar, digamos, a ordem de um conjunto de cartas de baralho.

TEMAS RELACIONADOS
O CÉREBRO EM DESENVOLVIMENTO
p. 28

CORRELATOS NEURAIS DA CONSCIÊNCIA
p. 82

POR QUE VEMOS CORES
p. 98

DADOS BIOGRÁFICOS
FRANCIS GALTON
1822-1911
Polímata vitoriano que popularizou a noção de sinestesia

V. S. RAMACHANDRAN
1951-
Neurocientista que relaciona a sinestesia com a evolução da linguagem e a criatividade

RICHARD CYTOWIC
1952-
Pesquisador e autor de *The Man Who Tasted Shapes*

Textos por Jamie Ward

Toque para mim uma nota azul, ou com aroma de hibisco, ou com sabor de canela e mel.

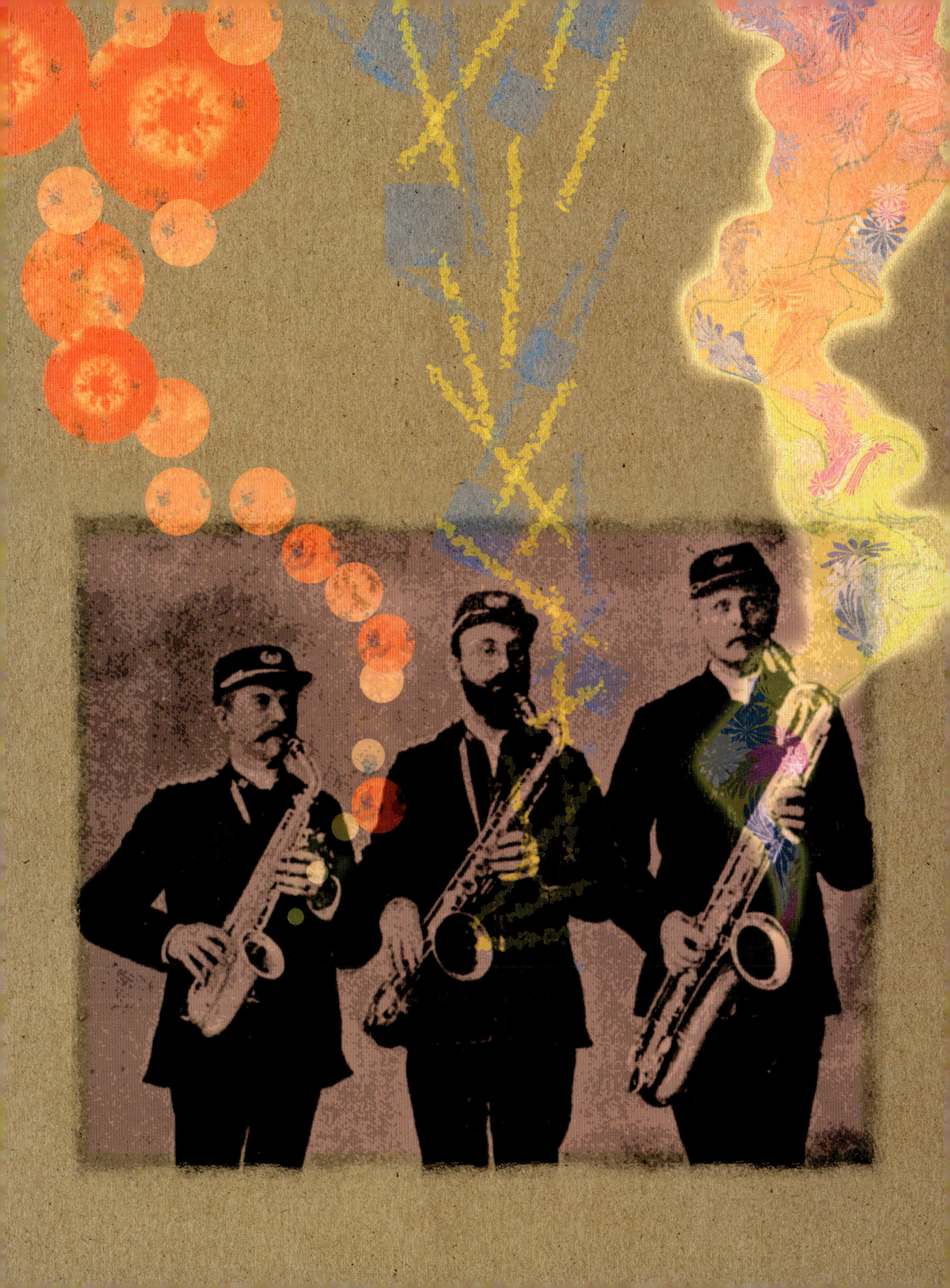

SUBSTITUIÇÃO SENSORIAL

Dispositivos de substituição

sensorial convertem informações de um sentido para outro. Seu propósito normal é capacitar pessoas cegas a "enxergar" usando seus sentidos intactos de audição e tato. Por exemplo, um antigo dispositivo aplicava uma gama de pinos nas costas do usuário para criar uma impressão tátil bidimensional de uma cena visual. Isso permitia aos cegos reconhecer objetos distantes e mesmo criar o sentimento de os objetos "estarem lá", diante deles, apesar de apenas suas costas estarem sendo estimuladas. Versões modernas em miniatura estimulam a língua do usuário, estando conectadas por um computador a uma webcam na cabeça. Dispositivos alternativos usam som para transmitir visão – por exemplo, os diferentes pixels de uma imagem são expressados por tons e pontos temporais distintos. Após o treinamento, os usuários (cegos ou com visão) conseguem reconhecer as ondas de som como "formas", e os sons ativam partes cerebrais normalmente dedicadas à detecção visual ou tátil de forma. A habilidade do cérebro de se adaptar a esses dispositivos é um exemplo fantástico de flexibilidade que, num sentido bastante real, cria um ciborgue – uma entidade em funcionamento que é parte homem, parte máquina.

ONDA CEREBRAL
Podem-se desenvolver tecnologias que traduzem a visão em audição ou tato, fornecendo às pessoas cegas algum acesso ao mundo visual. O cérebro traduz a informação auditiva ou tátil em algo parecido com a visão.

BRAINSTORM
O sucesso de um substituto sensorial dependeria de o usuário já ter tido visão? Poderia uma pessoa cega de nascença relatar novas experiências como resultado desses dispositivos? Não há resposta certa. Um cego de nascença talvez não entenda exatamente o que é a visão. Pessoas que se tornaram cegas nos primeiros anos de vida relataram experiências incomuns ao usar esses dispositivos (sentir algo diante de si ao ter as costas estimuladas), mas não se sabe se isso é mesmo "ver" (eles não relatam matizes de luz e escuridão).

TEMAS RELACIONADOS
A LOCALIZAÇÃO DAS FUNÇÕES
p. 36

SINESTESIA
p. 102

TREINAMENTO CEREBRAL
p. 140

DADOS BIOGRÁFICOS
PAUL BACH-Y-RITA
1934-2006
Pioneiro desse campo a partir dos anos 1960, com seus dispositivos táteis-visuais

KEVIN O'REGAN
1948-
Cientista e filósofo, argumenta que a visão pode ser experienciada a partir de outros sentidos

PETER MEIJER
1961-
Inventor de um substituto sensorial auditivo chamado de "vOICe"

Textos por Jamie Ward

O engenhoso cérebro consegue traduzir som em um tipo de visão, com alguma ajuda.

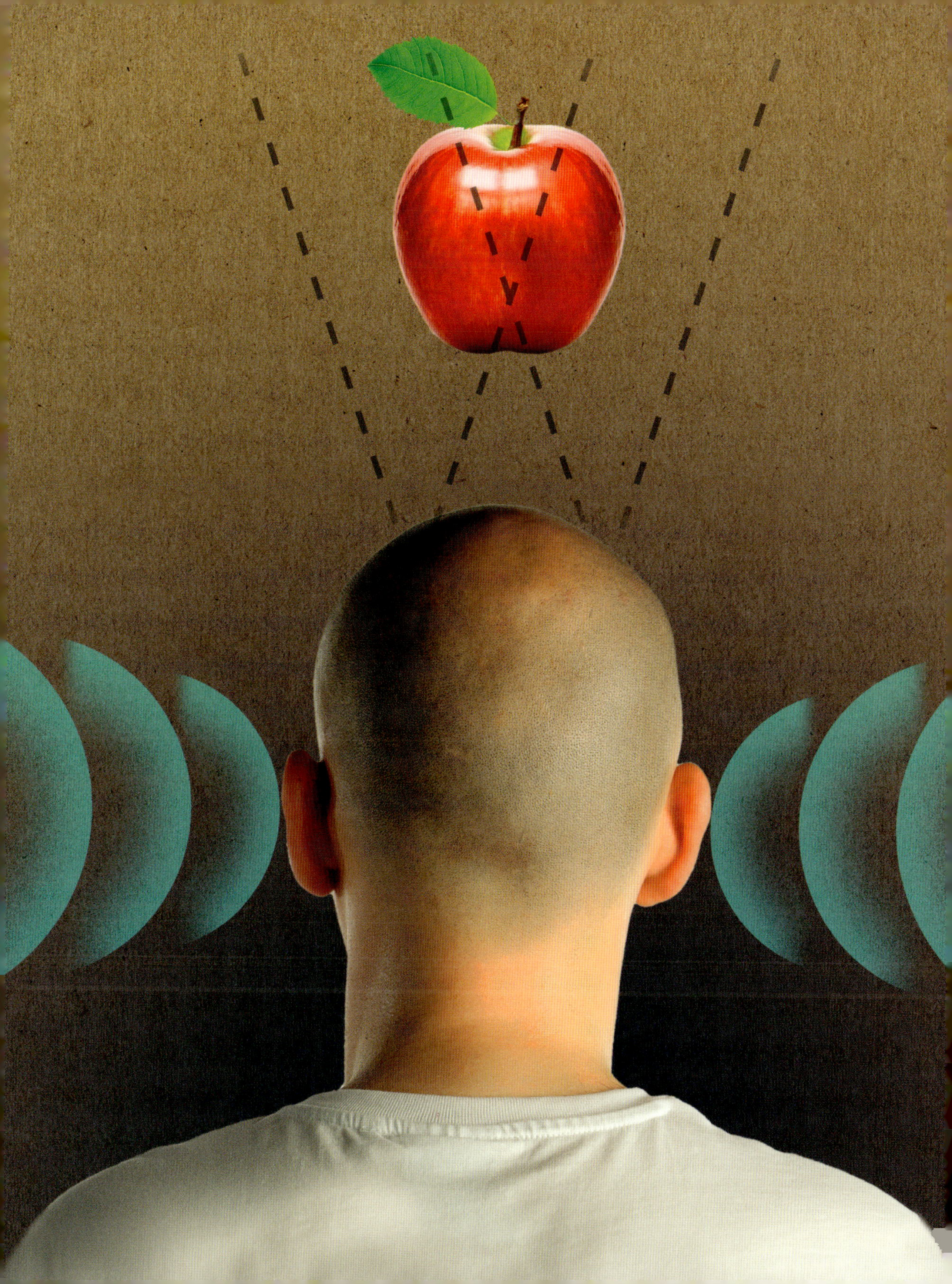

ATENÇÃO SELETIVA

O mundo visual parece bastante uniforme em termos de riqueza de cores e detalhes – de fato, nada desigual. Porém, nossa experiência cotidiana de procurar por um objeto "escondido" – digamos, a chave do carro – que muitas vezes está bem diante de nós sugere que não processamos no mesmo grau todos os objetos em nosso campo de visão. Alguns experimentos divertidos ilustraram isso. Se você está contando o número de passes em um jogo de basquete, talvez não repare no homem fantasiado de gorila cruzando a quadra (essa é a chamada cegueira por desatenção). De modo similar, se um assistente bibliotecário some por trás do balcão para procurar um livro e um novo assistente aparece no mesmo lugar, você pode não notar a diferença (é a chamada cegueira à mudança). A visão e nossos demais sentidos são continuamente bombardeados por informações, e o cérebro desenvolveu um mecanismo – a atenção – que age como um filtro, permitindo que alguns dados sejam priorizados (por exemplo, ampliando seu sinal neural) em detrimento de outros. Isso evita que nós fiquemos o tempo todo distraídos (nós não percebemos o toque de nossa roupa, por exemplo, porque não prestamos atenção a esse sinal), mas deixar de ver o óbvio pode ser um preço a se pagar por isso.

ONDA CEREBRAL
Nem todo objeto em uma cena visual lotada é totalmente processado. O cérebro tem um mecanismo de filtro (atenção) que prioriza algumas coisas por vez.

BRAINSTORM
Existem exemplos similares no campo da audição. Se escutarmos vários trechos de conversas ao mesmo tempo, conseguimos, até certo ponto, filtrar as irrelevantes. Podemos inclusive não notar quando uma voz à qual não prestamos atenção muda de masculina para feminina ou passa a falar alemão. Nesse exemplo, a informação negligenciada, processada pelas porções auditivas do cérebro, não é propagada para as regiões "superiores" (como as pré-frontais e parietais) que permitem que seja totalmente processada.

TEMAS RELACIONADOS
CORRELATOS NEURAIS DA CONSCIÊNCIA
p. 82

VISÃO CEGA
p. 100

COORDENAÇÃO ENTRE OLHO E MÃO
p. 108

DADOS BIOGRÁFICOS
DONALD BROADBENT
1926-1993
Psicólogo que conceituou a atenção como um filtro

RONALD RENSINK
1955-
Conduziu estudos pioneiros sobre a cegueira à mudança

Textos por Jamie Ward

Preste atenção. Quantos passes você contou? Quantas enterradas? E por que Michael Jordan está usando uma fantasia de gorila?

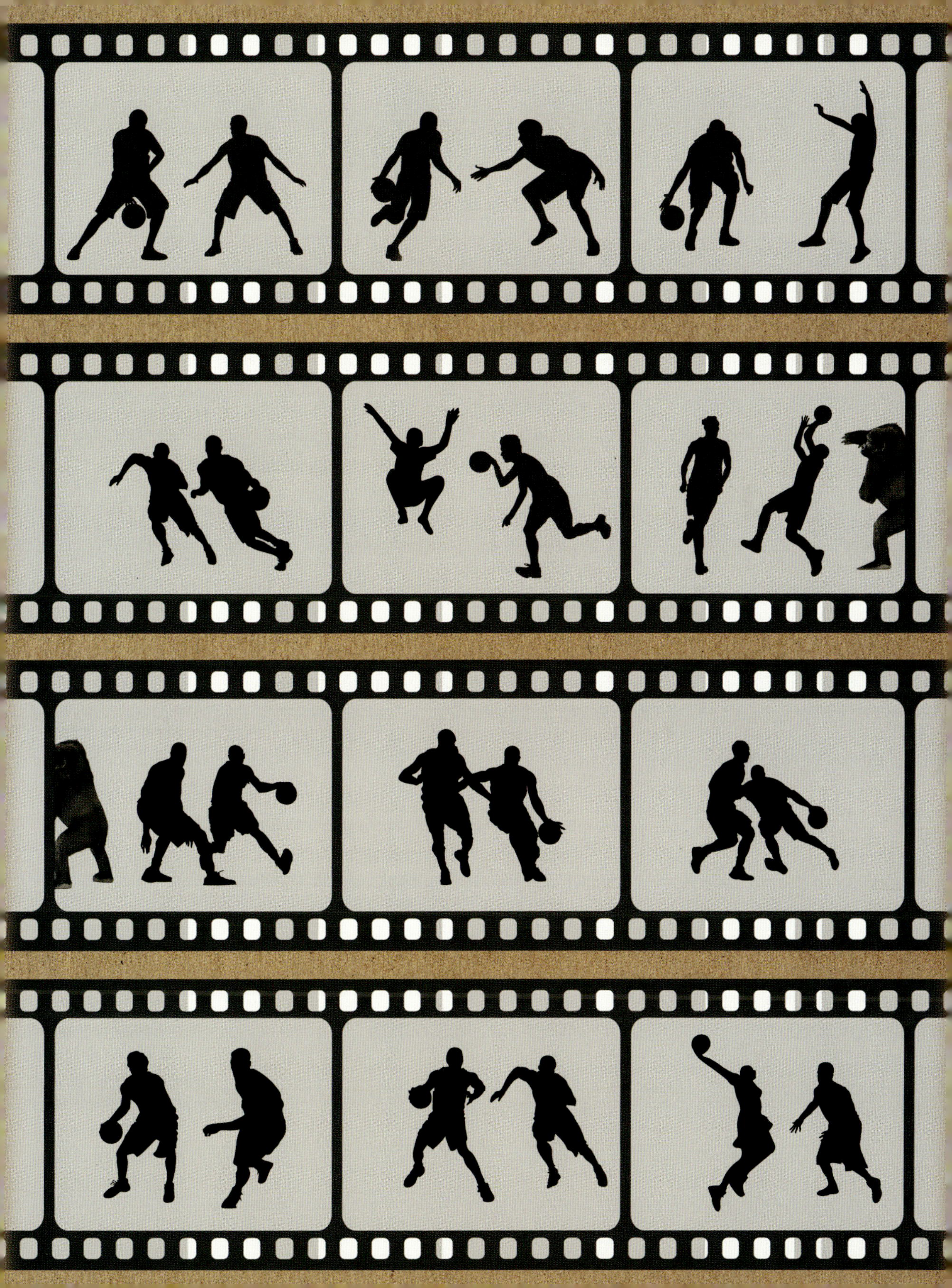

COORDENAÇÃO ENTRE OLHO E MÃO

A habilidade de coordenação entre mão e olho não é tão simples quanto parece, como décadas de pesquisa em robótica mostraram. Localizar a xícara de café é o primeiro desafio – nosso sistema visual pode dizer onde ela está situada na imagem retinal, mas não é essa xícara de café dentro do olho que nos interessa. Para localizá-la no mundo exterior, precisamos saber a posição dos olhos na cavidade ocular e a posição da cabeça relativamente ao corpo (profundidade é, ainda, outra questão). Então sinais do olho e os músculos do pescoço devem ser conectados à visão. Desse jeito, transformamos uma imagem visual de algo que está centrado nos olhos em algo que está centrado no corpo e, assim, que possa sofrer uma ação. Parece haver vias separadas no cérebro para localizar e atuar sobre um objeto (como pegá-lo) e para saber o que é o objeto (reconhecê-lo como uma xícara de café), apesar de as duas vias normalmente trabalharem juntas sem esforço. Saber o que é um objeto afeta o modo como interagimos com ele – imagine-se pegando um peso de papel *versus* um ovo. Robôs treinados para pegar um peso de papel estourariam o ovo ao tentar segurá-lo, exceto se tivessem um sistema de reconhecimento de objetos.

ONDA CEREBRAL
Localizar uma xícara de café implica relacionar a informação visual com coordenadas sobre a postura atual do corpo, o que envolve mecanismos altamente especializados no cérebro.

BRAINSTORM
Visão computacional e robótica podem tirar lições importantes do cérebro humano. Uma delas é a de que o corpo é importante. Nós exploramos ativamente o mundo ao mover os olhos, a cabeça e o torso, e essa exploração nos fornece novas fontes de informação. Por exemplo, perceber como o mundo visual muda conforme movemos nossa cabeça fornece dicas sobre profundidade e oclusão.

TEMAS RELACIONADOS
O CÉREBRO BAYESIANO
p. 50

VISÃO CEGA
p. 100

SÍNDROME DA MÃO ALIENÍGENA
p. 112

DADOS BIOGRÁFICOS
MEL GOODALE e
DAVID MILNER
1943- e 1943-
Sustentaram a ideia de que a visão para ação é diferente da visão para percepção

RICHARD ANDERSEN
1950-
Neurocientista que explorou como o espaço visual é transformado do olho em coordenadas corporais

Textos por Jamie Ward

O cérebro do tamanho de Júpiter fala 400 línguas, pode calcular o pi até o infinito, mas ainda não consegue pegar uma xícara de café sem derramar.

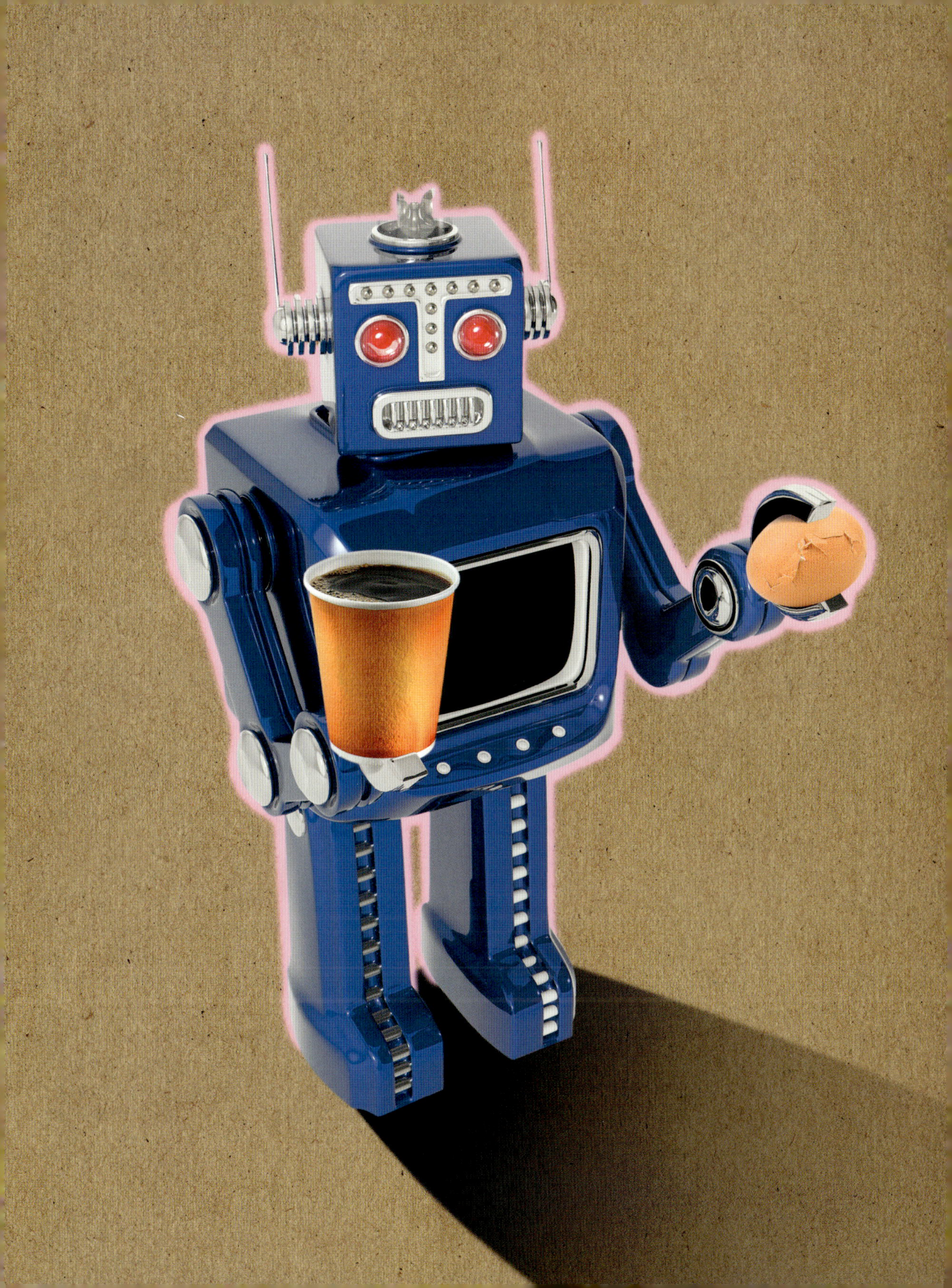

9 de julho de 1933
Nasce em Londres

1954
Bacharelado em fisiologia e biologia pelo The Queen's College, Oxford

1966
Trabalha no Beth Abraham Hospital, Nova York, com sobreviventes da pandemia de encefalite letárgica na década de 1920

1966-2007
É instrutor e mais tarde professor clínico de neurologia no Albert Einstein College of Medicine

1973
Publica *Tempo de despertar*, relato sobre as experiências com seus pacientes de doença europeia do sono (encefalite letárgica)

1985
Publica *O homem que confundiu sua mulher com um chapéu*, seu primeiro best-seller

1992-2007
Leciona na New York University School of Medicine

1995
Publica *Um antropólogo em marte*, sobre pessoas com distúrbios cerebrais que conseguiram manter uma vida criativa e de qualidade

2007
Assume o cargo de professor de neurologia e psicologia na faculdade de medicina do Columbia University Medical Center

2007
Publica *Musicofilia*

2010
Publica *O olhar da mente*, estudos de caso sobre a experiência com deficiências visuais

2012
Publica *A mente assombrada*, estudos próprios e experiências de pacientes seus com alucinações, provocadas tanto por doenças quanto por drogas

2012
Retorna como professor de neurologia à NYU School of Medicine e neurologista consultor no Epilepsy Center da escola

30 de agosto de 2015
Morre em Nova York

OLIVER SACKS

Até o fim da vida, Oliver Sacks

manteve-se escrevendo prolificamente e atuando como professor de neurologia na Escola de Medicina da New York University. Britânico de nascimento e graduado pelas universidades de Oxford e Nova York, passou a viver e trabalhar nos EUA a partir da década de 1960.

Sacks sempre batalhou para unir ciência e arte, para encontrar um modo empático e universalmente compreensível de explicar o comportamento do cérebro e da consciência sem negligenciar a fisiologia e o circuito neural que os sustentam. Seus livros mais vendidos baseiam-se em estudos de caso de pacientes e em experiências próprias (sendo ele alguém que sofria de enxaqueca e fazia experiências com drogas psicotrópicas, por exemplo). Ele apresentava a mente doente, danificada ou inerte por meio das observações clínicas não de um médico superior, mas direto dos pacientes, nas próprias palavras deles, vivessem com síndrome de Tourette, Parkinson, afasia, autismo ou outras condições. Isso garantiu a oportunidade de registrar o brilhantismo que pode surgir de uma resposta "anormal" ao mundo, assim como os problemas que daí despontam; uma abordagem que acomoda tanto o pragmático quanto o poético. Para o *New York Times*, Sacks era o Poeta Laureado da Medicina, e em 2001 ele recebeu o prêmio Lewis Thomas pelas obras escritas sobre ciência. Seu livro mais famoso é provavelmente *O homem que confundiu sua mulher com um chapéu*: 24 ensaios que relatam os extremos da mente.

Como neurologista, Sacks também é famoso pelo trabalho que realizou nos anos 1960 com sobreviventes da pandemia de doença do sono (encefalite letárgica) na década de 1920 e que estavam em coma havia quase 40 anos. Sacks acreditava que o novo medicamento experimental L-DOPA, apesar de concebido para melhorar a absorção de dopamina como intervenção terapêutica para a doença de Parkinson, pudesse acordá-los. E isso realmente ocorreu, apesar de nem sempre o resultado ter sido positivo. Seu segundo livro, *Tempo de despertar*, é um relato firme de tudo o que aconteceu na pesquisa.

Sacks recebeu inúmeros prêmios, e seu trabalho é inestimável ao trazer condições complicadas à atenção do leitor comum. Porém, ele continua sendo uma figura um tanto controversa. Alguns colegas da área acham que explorava seus pacientes como material para a carreira literária; outros, que era muito idiossincrático e pouco rigoroso ao reportar seus métodos. Ainda assim, em termos de perfil público, Sacks poderia ser descrito como o Stephen Hawking da neurologia: sua abordagem humana, empática e envolvente fez dele o neurologista com mais chances de ser aclamado por não neurologistas.

SÍNDROME DA MÃO ALIENÍGENA

A síndrome da mão alienígena ocorre após certos tipos de dano cerebral. Pacientes sentem que movimentos de um membro (em geral, o braço) não são iniciados por eles e, então, os interpretam como alheios, como se o membro tivesse uma "mente própria". Os movimentos podem ser significativos ou não. Por exemplo, a mão alienígena pode abrir o zíper de um casaco que a outra mão acabou de fechar, ou ela pode levitar espontaneamente, produzindo movimentos tentaculares com os dedos. O personagem Dr. Fantástico, no filme de mesmo nome, apresenta esse sintoma. Há inúmeras regiões do cérebro envolvidas na produção de ações. O córtex motor primário envia sinais pela medula espinhal para produzir o movimento dos membros. Porém, o próprio córtex motor primário recebe nos lobos frontais sinais de outras partes do cérebro que modelam e controlam nossas ações. Normalmente, essas partes do cérebro trabalham juntas – nossas ações não nos parecem alienígenas porque as partes cerebrais que produzem o movimento se comunicam com as que controlam e guiam a ação. Se nosso córtex motor for desconectado dessas regiões controladoras, os movimentos produzidos se tornam inesperados e, portanto, alienígenas.

ONDA CEREBRAL
Pode parecer que seu braço está fora de controle se seu córtex motor for desconectado de outras partes do cérebro.

BRAINSTORM
A síndrome da mão alienígena pode ter algo em comum com as alucinações. Aquela envolve movimento, e estas, sensações (ouvir vozes ou ver rostos que não estão lá), então são superficialmente diferentes. Porém, talvez reflitam tipos semelhantes de mecanismos cerebrais, ou seja, atividades espontâneas em regiões sensoriais ou motoras do cérebro que são "inesperadas" para as regiões cerebrais superiores.

TEMAS RELACIONADOS
O CÉREBRO BAYESIANO
p. 50

VOLIÇÃO, INTENÇÃO E LIVRE-ARBÍTRIO
p. 88

COORDENAÇÃO ENTRE OLHO E MÃO
p. 108

ESQUIZOFRENIA
p. 150

DADOS BIOGRÁFICOS
KURT GOLDSTEIN
1878-1965
Relatou o primeiro caso conhecido da síndrome em 1908

STANLEY KUBRICK
1928-1999
Dirigiu o filme *Dr. Fantástico* – como ele sabia sobre o sintoma?

Textos por Jamie Ward

Não fui eu, foi minha mão alienígena que fez isso. Eu sei que era sua caneca favorita. Vou pegar um pano e um balde.

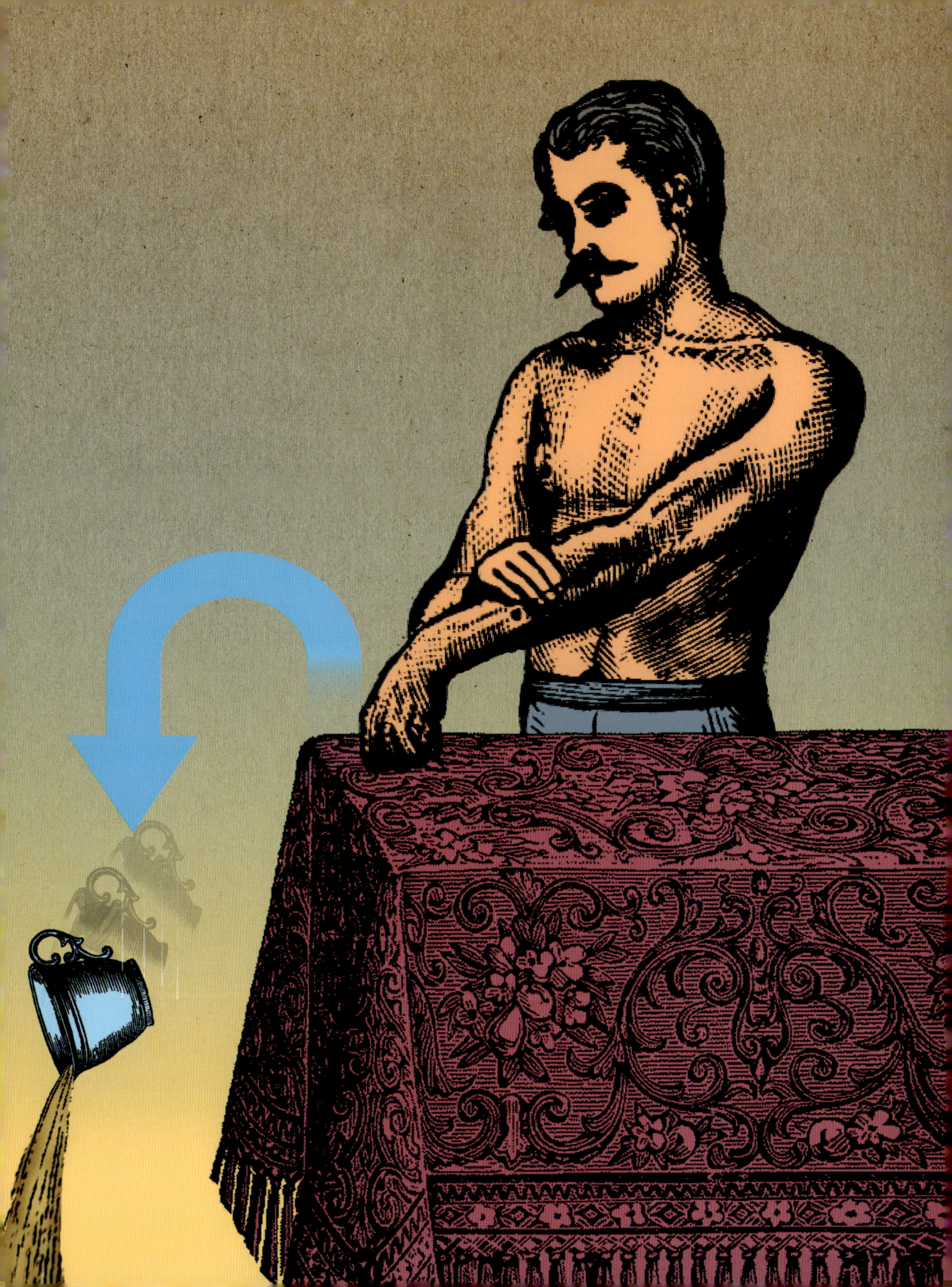

COGNIÇÃO E EMOÇÃO

COGNIÇÃO E EMOÇÃO
GLOSSÁRIO

afasia de Broca (e afasia de Wernicke) Afasias são distúrbios na geração (Broca) ou compreensão (Wernicke) da linguagem e estão associadas a danos em diferentes regiões do cérebro linguístico.

amígdala cerebral Conjunto de feixes de neurônios (núcleos) situados nas profundezas dos lobos temporais mediais, com o tamanho e o formato aproximados de uma noz. A amígdala cerebral integra o sistema límbico e está envolvida no processo emocional e principalmente no aprendizado de associações emocionais salientes. Emoções adversas, como medo, são particularmente dependentes dela.

córtex cerebral Camada mais externa do cérebro, com diversos sulcos. Corresponde a cerca de dois terços do volume cerebral e é dividido nos hemisférios esquerdo e direito, que acomodam a maior parte da "substância cinzenta" (assim chamada por causa da falta de mielina, que faz outras partes do cérebro parecerem brancas). O córtex cerebral é separado em lobos, e cada um deles desempenha funções diferentes, entre elas a percepção, o pensamento, a linguagem, a ação e outros processos cognitivos "superiores", como a tomada de decisões.

córtex orbitofrontal A parte dos lobos frontais situada diretamente acima e atrás dos olhos. Está envolvido no processamento de informações emocionais e motivacionais, particularmente em relação à tomada de decisões.

córtex pré-frontal A parte mais anterior dos lobos frontais, associada a funções cognitivas superiores, como metacognição, planejamento complexo e tomada de decisões, memória e interações sociais. Em conjunto, essas operações são por vezes conhecidas como "funções executivas".

hipocampo Área em formato de cavalo-marinho no interior dos lobos temporais. Está associada à formação e consolidação de memórias; também dá apoio à navegação espacial. Danos à área podem causar amnésia severa, sobretudo no caso de memórias episódicas (autobiográficas).

hipótese do marcador somático Criação de António Damásio, essa teoria enfatiza o papel das emoções na tomada de decisões. Propõe que decisões complexas dependem da percepção dos estados corporais (marcadores somáticos), que representam o valor emocional de diferentes opções.

introspecção O ato de observar ou examinar o próprio estado mental. Trata-se de um elemento fundamental da metacognição.

lobo insular Encontra-se na base de uma profunda dobra na junção dos lobos temporais, parietais e frontais. Está envolvido na detecção e na representação do estado interno do corpo (a chamada "interocepção") e é cada vez mais associado a experiências emocionais conscientes e à noção de si mesmo.

lobos frontais Uma das quatro principais divisões do córtex cerebral e a mais desenvolvida em humanos em comparação com outros animais. Os lobos frontais (um para cada hemisfério) abrigam áreas associadas a tomada de decisões, planejamento, memória, ação voluntária e personalidade.

lobos temporais A última das quatro principais divisões do córtex cerebral. Esses lobos encontram-se na parte inferior lateral de cada hemisfério e estão altamente relacionados ao reconhecimento de objetos, à formação e ao armazenamento de memórias e à linguagem. O hipocampo fica na parte medial desses lobos (o lobo temporal medial).

neurônios As unidades básicas do cérebro. Eles desempenham as operações cerebrais fundamentais, recebendo informações de outros neurônios via dendritos e – conforme o padrão ou a intensidade do estímulo recebido – emitindo ou não um estímulo nervoso de resposta. Há vários tipos de neurônios, mas (quase) todos possuem dendritos, um corpo (soma) e um único axônio.

sistema límbico Termo antiquado relacionado a um conjunto de estruturas cerebrais envolvidas na emoção, na motivação e na memória. Inclui a amígdala cerebral, o hipocampo, certos núcleos talâmicos e regiões específicas do córtex.

MEMÓRIA

Nos anos 1950, o jovem Henry

Molaison sofria de epilepsia severa. Os médicos decidiram remover seus lobos temporais mediais, os quais, pensava-se, eram a fonte dos sintomas. O tratamento resolveu o problema das convulsões, mas teve efeitos colaterais desastrosos. Apesar de sua memória de curto prazo (a habilidade de reter informações por alguns segundos ou minutos) estar basicamente intacta, Molaison era incapaz de formar novas memórias de longo prazo. Como consequência, sua mente nunca saiu dos anos 1950, e por mais que ele visitasse com frequência uma pessoa ou um lugar novos, estes sempre lhe seriam desconhecidos. No meio médico esse é conhecido como o "caso HM". Estudos com pacientes assim atestaram a maneira com que os lobos temporais mediais (especialmente o hipocampo) tornam memórias de curto prazo em permanentes, com quase todo o restante dos lobos temporais agindo como um estoque de longo prazo. Mesmo nessas áreas de estoque há fragmentações, com memórias semânticas (por exemplo, saber a capital da França) localizadas em uma região separada (o polo temporal) daquela que recebe memórias de acontecimentos passados (distribuídas mais amplamente pelo córtex temporal). Evidências mostram também que processos diferentes ocorrem quando temos uma noção de vaga familiaridade de um acontecimento passado e quando conseguimos lembrar dele com nitidez; cada caso é responsabilidade de partes distintas dos lobos temporais mediais.

ONDA CEREBRAL
Muitas partes diferentes do cérebro assumem funções de memória específicas, de acordo com o conteúdo (por exemplo, conhecimento vs. acontecimentos passados) ou processos (recordação vs. familiaridade).

BRAINSTORM
O córtex pré-frontal, em geral associado ao pensamento complexo, está também envolvido em todos os processos de memória. Esse papel abrangente provavelmente reflete a necessidade dos humanos de realizar várias operações sofisticadas com base na memória; por exemplo, gerar e usar estratégias para recuperar lembranças vagas e avaliar qual informação é de fato importante reter. Como consequência, quando obedecemos instruções para esquecer algo, a atividade pré-frontal aumenta conforme a do lobo temporal medial diminui.

TEMAS RELACIONADOS
A LOCALIZAÇÃO DAS FUNÇÕES
p. 36

APRENDIZADO HEBBIANO
p. 38

NEUROPSICOLOGIA
p. 56

DADOS BIOGRÁFICOS
BRENDA MILNER
1918-
A primeira cientista a estudar Henry Molaison

ENDEL TULVING
1927-
Pesquisador pioneiro da memória de longo prazo

Textos por Daniel Bor

Qual é a capital da França? Como faço aquele movimento de xadrez? Seu cérebro tem um lugar específico para cada função de memória.

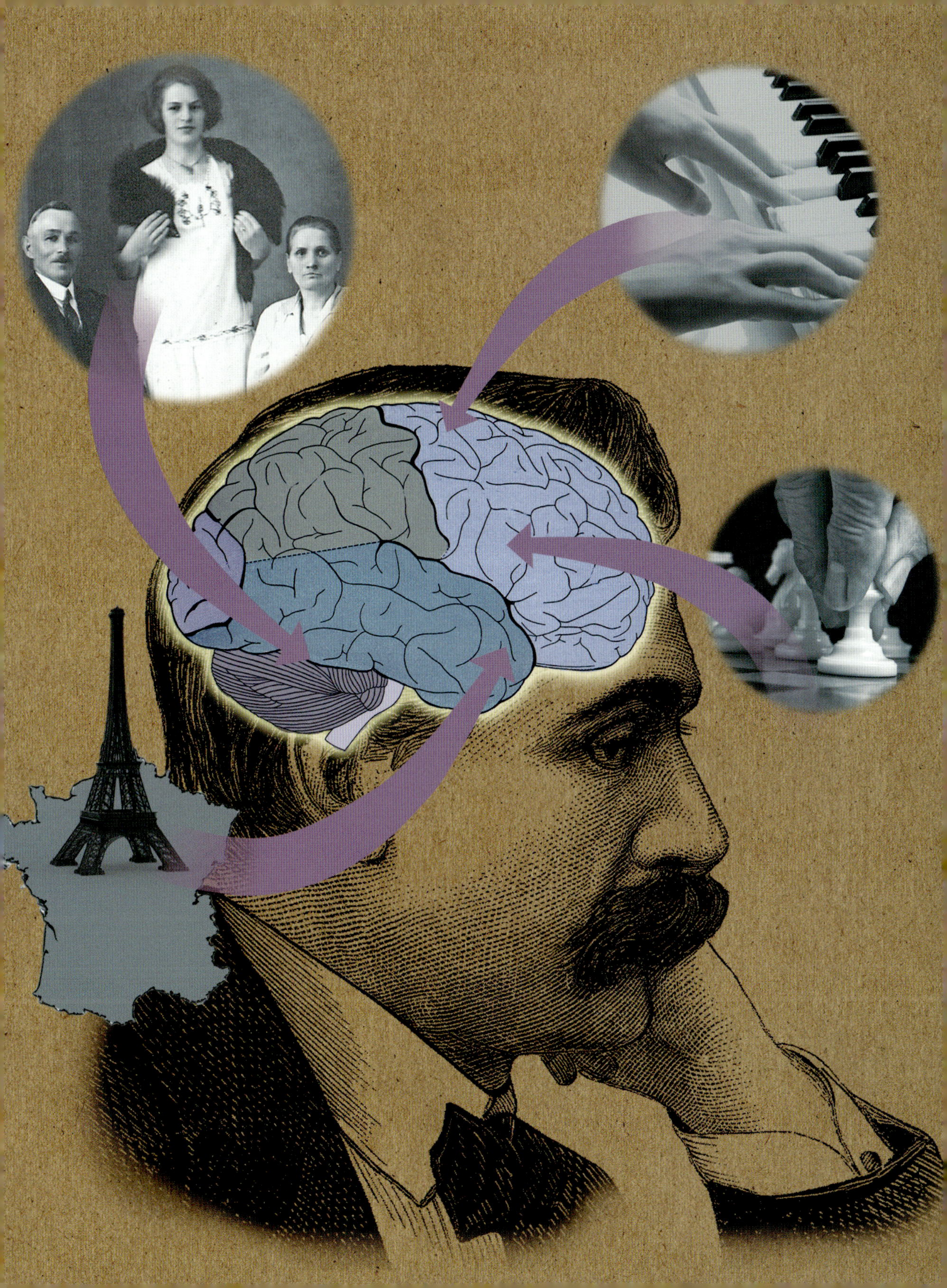

EMOÇÃO

Caminhando pela floresta, você vê um urso-pardo. O medo percorre seu corpo, e em um instante você está pronto para fugir. Pode-se pensar que a visão do urso cause o sentimento de medo, levando a uma descarga de adrenalina que nos prepare para a fuga (ou luta, se você tiver coragem). As coisas, porém, não são tão simples assim, como William James (e Carl Lange, independentemente) supôs mais de um século atrás. Eles argumentaram que uma emoção (como o medo) é o resultado de mudanças perceptíveis no estado corporal, e não a causa de tais mudanças — ficamos com medo porque nosso corpo está se preparando para agir de determinada maneira, e não o contrário. Apesar de controversa, essa ideia passou no teste do tempo; hoje em dia, é amplamente aceito que as emoções dependem profundamente da conversa entre cérebro e corpo, e a busca atual é pelos mecanismos cerebrais envolvidos no processo. Uma região-chave é a amígdala cerebral, um conjunto de estruturas ovaladas abrigadas no âmago dos lobos temporais mediais, que desempenha papel fundamental na consolidação das memórias de experiências emocionais. Danos à amígdala cerebral podem levar à repressão de respostas emocionais e sobretudo à falta de medo. Muitas outras áreas neurais estão também envolvidas, inclusive o córtex orbitofrontal, que relaciona a emoção com a tomada de decisão; e o lobo insular, que monitora a condição fisiológica do corpo.

ONDA CEREBRAL
"Tremo, logo temo." Emoção pode ser entendida como a percepção — dependente do contexto — de mudanças na condição fisiológica do corpo.

BRAINSTORM
A emoção depende não só das mudanças corporais, mas também de seu contexto. Stanley Schachter e Jerome Singer injetaram adrenalina em voluntários enquanto um ator no mesmo cômodo comportava-se ora com raiva, ora de modo eufórico. Os sortudos experienciavam a euforia; os outros, a raiva. Crucialmente, aqueles informados sobre os efeitos fisiológicos causados pela adrenalina não experimentaram essas emoções. As descobertas sustentaram a teoria dos "dois fatores", segundo a qual uma emoção sentida depende de como o cérebro interpreta as mudanças ocorrendo no corpo.

TEMAS RELACIONADOS
CONSCIÊNCIA CORPORAL
p. 84

TOMADA DE DECISÕES
p. 130

DADOS BIOGRÁFICOS
WILLIAM JAMES
1842-1910
Assim como Carl Lange, elaborou a ideia de que as emoções são percepções de mudanças no estado corporal

STANLEY SCHACHTER
1922-1997
Com Jerome Singer, conduziu experimentos seminais que mostraram como a experiência emocional depende do contexto

ANTÓNIO DAMÁSIO
1944-
Revitalizou o estudo da emoção com sua "hipótese do marcador somático"

Textos por Anil Seth

Você não está com medo do urso. Seu coração acelera e você sua frio porque seu corpo está analisando as opções de luta/fuga.

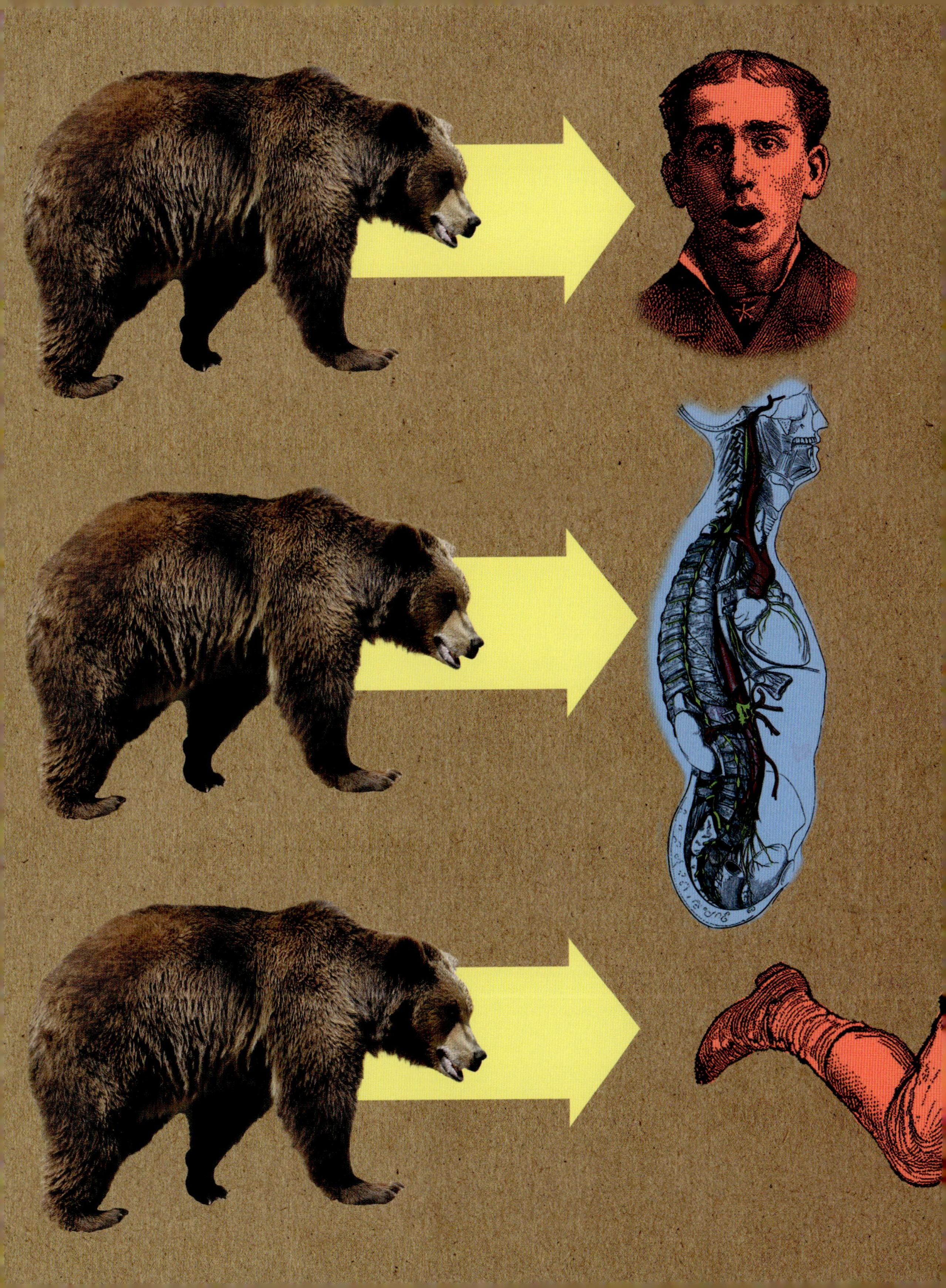

IMAGINAÇÃO

Einstein afirmou que a imaginação é mais importante do que o conhecimento. Trata-se de uma estranha habilidade na qual os humanos parecem ter se tornado particularmente peritos. Por exemplo, se você fechar os olhos e imaginar um gato preto saltando sobre uma cerca de madeira verde, provavelmente vai criar uma surpreendente quantidade de detalhes. Mas seria a imaginação um processo especial, distinto da percepção, ou estaria intimamente entrelaçada a nossos sentidos? As evidências apontam fortemente para a segunda hipótese. Por exemplo, o paciente RV tinha danos nos centros de visão de cores do cérebro, apresentando o equivalente a um daltonismo cerebral. Quando se pedia que imaginasse, RV era incapaz de dizer de que cor era a neve. Outro paciente com danos cerebrais não conseguia reconhecer ou imaginar rostos famosos. Estudos de neuroimagem ampliaram em muito a compreensão da área, demonstrando, por exemplo, que imaginar um som ativa o córtex auditivo, como se de fato algo tivesse sido escutado. E trazer à mente imagens assustadoras é o suficiente para ativar o centro do medo no cérebro – a amígdala cerebral. O quadro evidente, e evolutivamente eficiente, é que qualquer parte de nosso cérebro responsável por experiências diretas pode também ser cooptada para colaborar com nossa imaginação.

ONDA CEREBRAL
A imaginação é uma habilidade poderosa e particularmente humana. Mas, em vez de contar com uma aparelhagem neural especializada, depende de nossas regiões sensoriais existentes.

BRAINSTORM
Adrian Owen revolucionou o estudo de pacientes em estado vegetativo. Ele demonstrou que alguns deles foram erroneamente diagnosticados – estão completamente paralisados, mas ainda apresentam uma consciência interior ativa. Owen testa isso fazendo perguntas durante a ressonância magnética funcional, e o paciente responde "sim" pelo imaginário motor (que ativa o córtex motor) e "não" pelo imaginário espacial (ativando o para-hipocampo). Assim, a imaginação fornece a esses pacientes sua única oportunidade de ter voz.

TEMAS RELACIONADOS
O CÉREBRO BAYESIANO
p. 50

NEUROPSICOLOGIA
p. 56

POR QUE VEMOS CORES
p. 98

DADOS BIOGRÁFICOS
STEPHEN KOSSLYN
1948-
Neurocientista cognitivo famoso pelo trabalho sobre o imaginário mental; ele argumenta que a imaginação compõe-se de diversos subprocessos diferentes

MARTHA FARAH
1955-
Neuropsicóloga, uma das primeiras a documentar pacientes com ausência tanto de percepção quanto de imaginação em domínios específicos

Textos por Daniel Bor

Apenas imagine o que eu poderia imaginar se tivesse vivido uma vida mais plena e obtido material mais divertido para brincar.

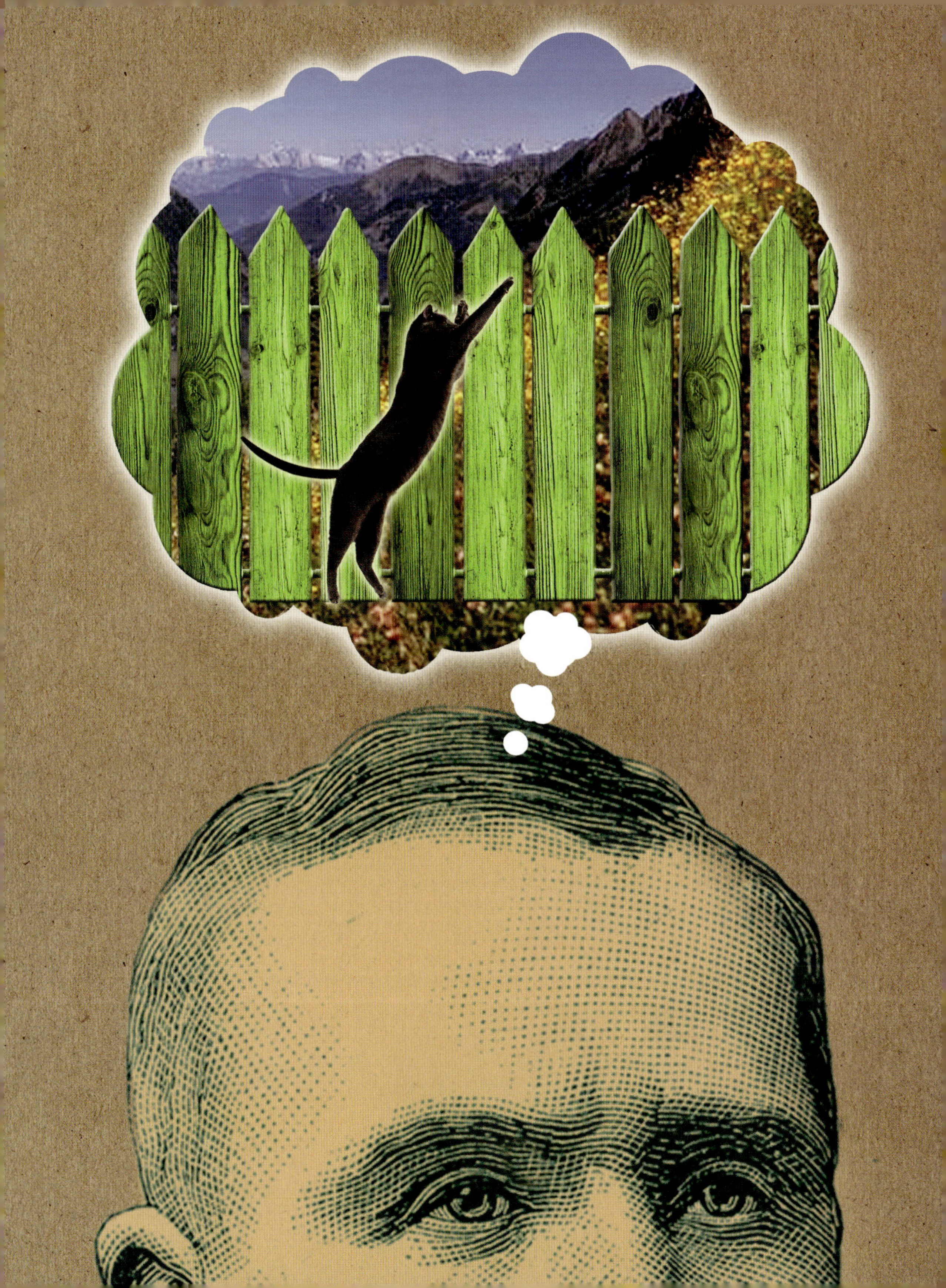

28 de junho de 1824
Nasce em Sainte-Foy-la-Grande, Gironda, na França

1844
Gradua-se pela escola de medicina do hospital Hôtel-Dieu, em Paris

1848
Torna-se dissector de anatomia na Escola de Medicina da Universidade de Paris (aquele que faz dissecações para estudantes de anatomia) e secretário da Sociedade Anatômica

1848
Funda uma sociedade darwinista para livres-pensadores

1849
Realiza a primeira cirurgia na Europa usando o hipnotismo como anestesia

1853
É professor de cirurgia na Universidade de Paris

1856
Publica *Aneurismas e seu tratamento*

1859
Funda a Sociedade Antropológica de Paris; publica *A etnologia da França*

1861
Realiza autópsia em M. Leborgne, revelando que ele tinha lesões no córtex frontal do hemisfério esquerdo, identificando essa área cerebral como a que governa a linguagem articulada

1865
Publica *Instruções gerais sobre pesquisa antropológica*

1867-68
É eleito para a cátedra de patologia externa da Faculdade de Medicina da Universidade de Paris; torna-se professor de cirurgia clínica

1872
Funda *The Anthropological Review*

1875
Publica *Instruções sobre craniologia e craniometria*

1876
Funda a Escola de Antropologia

9 de julho de 1880
Morre em Paris

Um menino prodígio (graduou-se aos 16 e obteve o título de médico aos 20), Paul Broca era um cirurgião e anatomista que passou todos os seus anos de estudo e trabalho em Paris. O livre pensamento, a postura darwinista e o interesse pela antropologia (ele fundou a Sociedade Antropológica de Paris em 1859) o indispuseram com a Igreja e as autoridades do Estado, mas isso não o impediu de desfrutar uma bem-sucedida vida pública. Foi eleito para o Senado francês, tornou-se membro da Academia de Medicina e recebeu a Legião de Honra.

Apesar de ter feito várias contribuições importantes para outros campos da medicina (incluindo câncer, mortalidade infantil e saúde pública), foi como neuroanatomista que ficou mais famoso. Broca foi o primeiro a descrever evidências de trepanação encontradas em crânios neolíticos e fez grandes avanços na antropometria craniana e na anatomia comparativa do cérebro, fornecendo dados inestimáveis sobre seu peso e tamanho.

Broca hoje é mais conhecido como o primeiro a produzir evidências físicas confiáveis e replicáveis da localização das funções no cérebro, estabelecendo a base para pesquisas futuras sobre a lateralização cerebral. Franz--Joseph Gall (que morreu quando Broca tinha 4 anos) defendia a ideia da frenologia, a teoria de que diferentes partes do cérebro originam ações, emoções e humores distintos. Ele era um teórico, fazendo inferências a partir do crânio em vez de analisar o cérebro em seu interior.

Em 1861, após assistir a uma palestra de Ernest Aubertin, defensor da ideia da função localizada, sobretudo da fala, Broca inspirou-se em buscar evidências internas. Como professor de cirurgia clínica na Universidade de Paris, tinha acesso a vários hospitais e, em um deles, encontrou M. Leborgne, um paciente afásico que não conseguia articular a fala (apesar de sua compreensão estar intacta). Quando Leborgne morreu, Broca realizou uma autópsia e descobriu lesões no lobo frontal de seu hemisfério cerebral esquerdo. Outras autópsias em números estatisticamente significativos de pacientes similares reproduziram o resultado. Essa foi a primeira evidência documentada de que as funções cerebrais eram localizadas e de que os dois hemisférios operavam de modo distinto entre si (os hemisférios direitos nos corpos autopsiados estavam sempre perfeitos). A área foi batizada de "Broca" pelo neurologista escocês David Ferrier.

Ressonâncias magnéticas posteriores realizadas no cérebro de Leborgne (preservado no Museu do Homem, em Paris) indicam que pode haver mais ali do que apenas as lesões descritas por Broca, mas isso não diminui sua contribuição para a neuroanatomia.

LINGUAGEM

O cérebro humano tem a

capacidade única de usar a linguagem para descrever novas situações. As relações entre símbolos e seus significados são aprendidas dentro de contextos culturais específicos, e não herdadas como outros traços biológicos, a exemplo da cor dos olhos. Ainda assim, o cérebro humano parece ter uma predisposição para aprender a linguagem. Essa habilidade inata é sustentada por regiões cerebrais especializadas desenvolvidas em humanos. Acredita-se que a área de Broca, no giro frontal inferior, desempenhe papel central no processamento da sintaxe, da gramática e da estrutura das sentenças. Pacientes com danos nessa região apresentam sintomas de afasia expressiva (também conhecida como afasia de Broca), que é caracterizada pela incapacidade de produzir sentenças fluentes e gramaticais. Por outro lado, a área de Wernicke, situada no giro temporal superior, está envolvida na compreensão da linguagem. Danos a essa região resultam em deficiências na compreensão da linguagem escrita e falada – um sintoma chamado de afasia receptiva (ou afasia de Wernicke). Essas áreas da linguagem estão diretamente conectadas entre si por fibras – os fascículos arqueados – e constituem o núcleo do cérebro linguístico, localizado na maioria das pessoas no hemisfério esquerdo.

ONDA CEREBRAL
A compreensão e a produção da linguagem humana são processadas por regiões cerebrais distintas predominantemente no hemisfério esquerdo.

BRAINSTORM
Os primeiros anos de vida são cruciais para aprender um novo idioma. Crianças selvagens sem qualquer exposição à linguagem não desenvolvem habilidades linguísticas. Elas podem aprender muitas palavras, mas sua sintaxe nunca atinge um nível normal. Segundas línguas aprendidas durante o período crítico são processadas nas mesmas regiões das áreas de Broca e Wernicke que a língua materna, enquanto outras regiões da área de Broca são usadas para um segundo idioma aprendido após a puberdade.

TEMAS RELACIONADOS
A LOCALIZAÇÃO DAS FUNÇÕES
p. 36

NEUROPSICOLOGIA
p. 56

LADO ESQUERDO *VS.* LADO DIREITO
p. 68

DADOS BIOGRÁFICOS
PAUL BROCA
1824-1880
Anatomista e antropólogo francês (pp. 124-5)

CARL WERNICKE
1848-1905
Neurologista alemão, descobriu que lesões no giro temporal superior resultam em deficiências na compreensão da linguagem

Textos por Ryota Kanai

A área de Broca é igual no cérebro de homens e mulheres. A má comunicação entre os sexos ocorre em uma parte completamente diferente do cérebro.

lorem ipsum dolor
veniam quis nostrud
exercitation ullamco

METACOGNIÇÃO

Com que frequência você pensa sobre pensar? O cérebro humano não somente converte sinais sensoriais na execução de ações, mas também pode avaliar a qualidade de suas próprias experiências perceptuais, analisar a confiabilidade da memória e monitorar os resultados de suas ações. Essas habilidades de acessar estados mentais interiores por meio da introspecção são chamadas de "metacognição". Usamos a capacidade metacognitiva de modo espontâneo na vida cotidiana. Um exemplo é quando avaliamos nossa confiança ao fazer uma escolha. Ao realizar uma prova, você terá confiança ao responder a algumas questões, mas menos em outras. A metacognição é importante não apenas para monitorar como aprendemos novas informações, mas também para comunicar nossas experiências subjetivas aos outros. Quando você decide o que pedir em um restaurante, pondera espontaneamente sua decisão pensando sobre a experiência de comer. Em experimentos científicos, a metacognição é com frequência usada como um teste da presença de percepção consciente ou memória explícita, porque não conseguimos analisar informações que foram processadas inconscientemente. Pesquisas atuais apontam para a parte anterior do córtex pré-frontal – região particularmente expandida em humanos ao longo da evolução – como essencial para o processo metacognitivo.

ONDA CEREBRAL
Metacognição refere-se à consciência dos próprios pensamentos, memória, experiência e ação como um resultado da interrogação introspectiva. É literalmente cognição sobre cognição.

BRAINSTORM
Os animais conseguem ter introspecção? Quais são as diferenças entre o cérebro de animais capazes de metacognição e daqueles que não o são? Um modo de buscar evidências de metacognição em animais é examinar se eles conseguem adaptar seu comportamento com base na confiabilidade de sua decisão. Alguns – como macacos, golfinhos e ratos – exibem sinais de metacognição ao realizar uma tarefa de percepção ou memória. Outros, como os pombos, não.

TEMAS RELACIONADOS
TOMADA DE DECISÕES
p. 130

NEURÔNIOS-ESPELHO
p. 132

MEDITAÇÃO
p. 152

DADOS BIOGRÁFICOS
JOHN FLAVELL
1928-
Psicólogo americano desenvolvimentista que estabeleceu a metacognição como área de pesquisa

Textos por Ryota Kanai

Penso, logo penso. Essa parece ser uma habilidade particularmente humana. Rodin capturou alguém em cogitação flagrante.

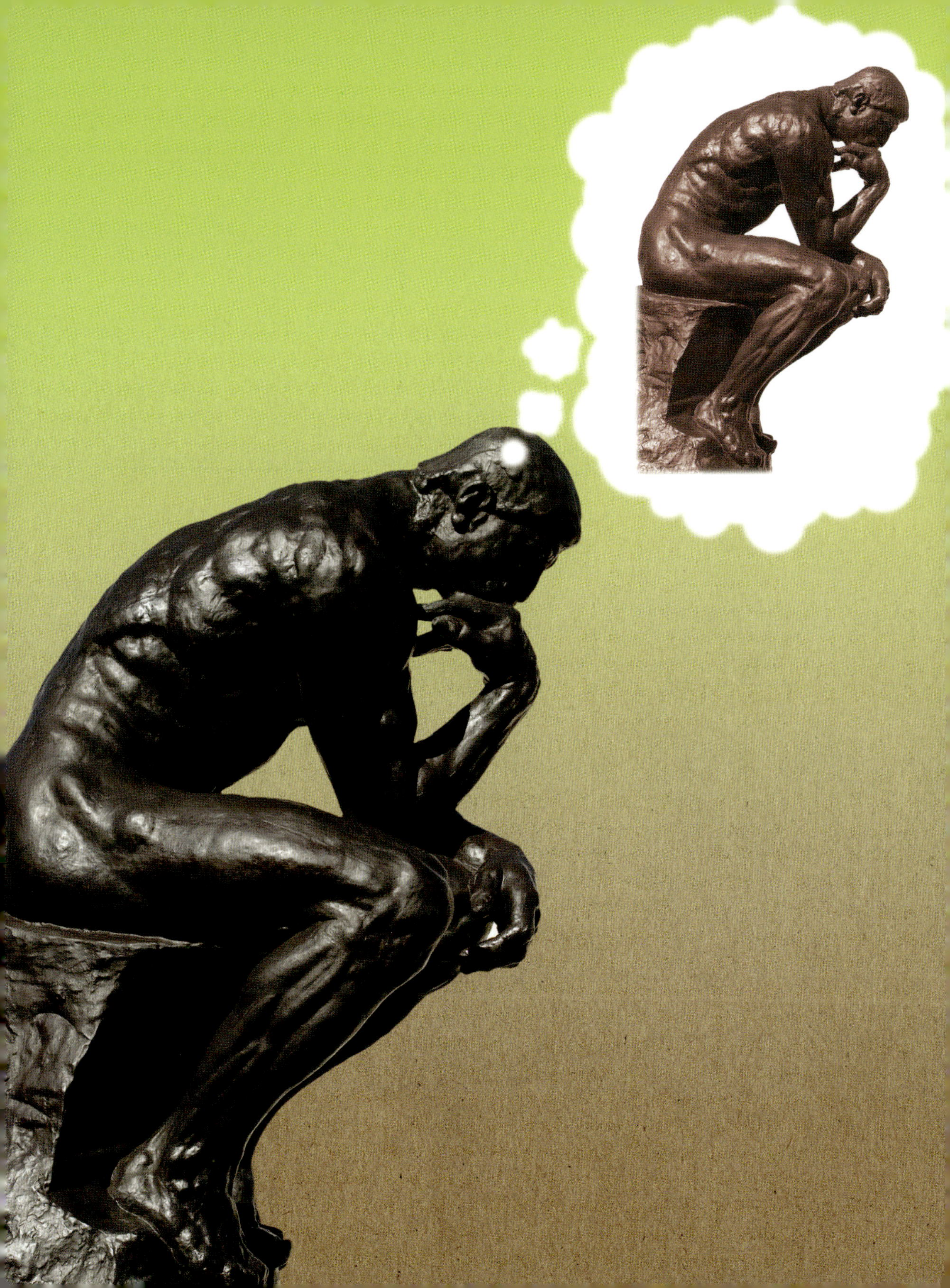

TOMADA DE DECISÕES

Do cocheiro de Platão controlando os cavalos dos sentimentos ao id pulsional de Freud suprimido pelo superego, há uma longa tradição de ver a razão e a emoção em oposição uma da outra. Traduzindo essa perspectiva para a neurociência, pode-se imaginar que o sucesso da tomada de decisão dependa dos racionais lobos frontais controlarem os instintos animalescos originados em regiões cerebrais emotivas que evoluíram antes (incluindo o sistema límbico, bem no interior do cérebro). Mas a verdade é outra – a tomada de decisão eficiente não é possível sem a motivação e o significado fornecidos pelos dados emocionais. Considere o paciente "Elliott", de António Damásio. Anteriormente um bem-sucedido homem de negócios, Elliott passou por uma cirurgia para retirada de um tumor e perdeu uma parte de seu cérebro – o córtex orbitofrontal – que conecta os lobos frontais com as emoções. Ele se transformou em um Spock da vida real, destituído de emoção. Mas em vez de isso o tornar totalmente racional, qualquer decisão na vida passou a paralisar Elliott. Damásio depois desenvolveu a hipótese dos marcadores somáticos para descrever como as emoções viscerais baseiam as decisões. Por exemplo, ele mostrou que em um jogo de cartas os dedos das pessoas suam antes de pegar um descarte inútil, mesmo antes de elas perceberem em nível consciente que fizeram uma má escolha.

ONDA CEREBRAL
Os sentimentos fornecem a base para a razão humana – pacientes com danos cerebrais que ficaram destituídos de emoções sofrem para tomar as decisões mais elementares.

BRAINSTORM
Apesar de precisarmos das emoções para tomar decisões, a entrada desses dados indica que nós não somos os frios agentes racionais que o tradicional mundo financeiro assume sermos. De fato, Daniel Kahneman demonstrou com Amos Tversky que o impacto emocional negativo de uma perda é duas vezes mais intenso que o efeito positivo de um ganho, o que afeta de maneiras previsíveis nossa tomada de decisão. Ao menos explica nossa relutância em darmos como perdido um mau investimento.

TEMAS RELACIONADOS
VOLIÇÃO, INTENÇÃO E LIVRE-ARBÍTRIO
p. 88

ATENÇÃO SELETIVA
p. 106

EMOÇÃO
p. 120

DADOS BIOGRÁFICOS
DANIEL KAHNEMAN
1934-
Pioneiro da psicologia da tomada de decisões, publicou um best-seller sobre sua pesquisa em 2011, *Rápido e devagar: Duas formas de pensar*

ANTÓNIO DAMÁSIO
1944-
Neurologista, escritor e pesquisador da University of Southern California

Textos por Christian Jarrett

Esse ou aquele? Como posso tomar uma decisão racional com esses dois palhaços usando meus lobos frontais como uma arena de luta?

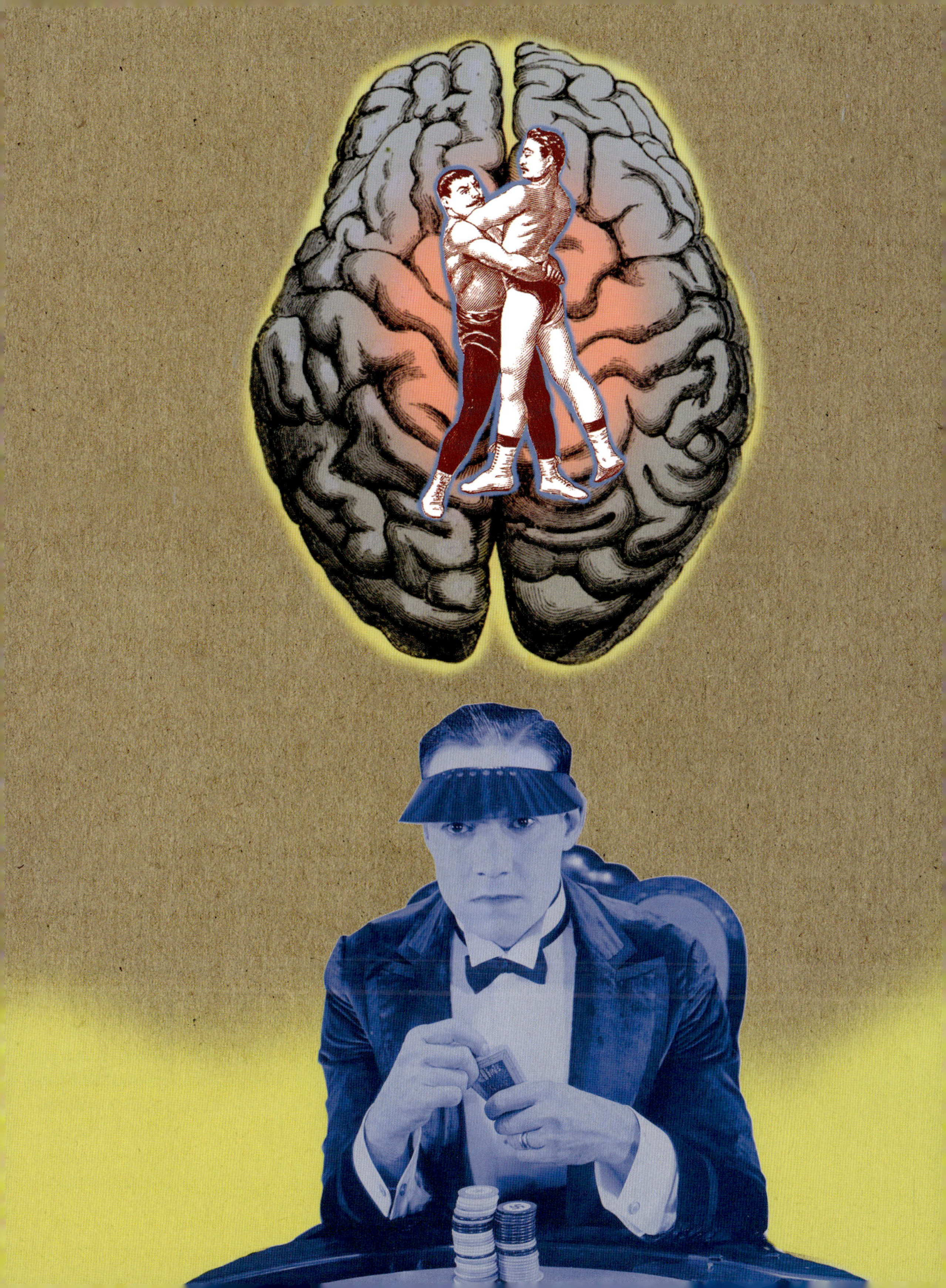

NEURÔNIOS-ESPELHO

Os neurônios-espelho foram

descobertos por acaso nos anos 1990 durante uma pesquisa conduzida pelo laboratório de Giacomo Rizzolatti, na Universidade de Parma, Itália. A equipe de Rizzolatti estava registrando a atividade elétrica de neurônios motores na parte anterior do cérebro de macacos – células que sabidamente estão envolvidas no planejamento e na execução de movimentos corporais. A revelação veio quando um dos pesquisadores foi pegar algumas uvas-passas, usadas como agrados para os macacos. Para sua surpresa, os cientistas perceberam que as células motoras dos macacos haviam disparado, como se eles tivessem feito o mesmo movimento que o pesquisador. Em outras palavras, parecia que essas células tinham propriedades refletoras – eram acionadas durante a execução de uma ação e também ao ver outro indivíduo realizando aquela ação. Por anos o desafio foi determinar se os humanos também tinham neurônios-espelho – não se trata de uma tarefa fácil, porque fazer registros de neurônios individuais em humanos em geral exige um procedimento muito invasivo. Porém, em 2010, uma equipe liderada por Roy Mukamel conseguiu registrar a atividade de centenas de neurônios em cérebros de pacientes epilépticos. Os pesquisadores identificaram um subconjunto de células-espelho no córtex frontal que respondiam tanto quando os pacientes realizavam determinado gesto com a mão ou o rosto como quando assistiam a um vídeo de alguém efetuando essas ações.

ONDA CEREBRAL
Neurônios-espelho disparam quando você realiza uma ação ou quando vê outra pessoa fazendo aquela mesma ação.

BRAINSTORM
A descoberta dos neurônios-espelho causou grande entusiasmo no campo da neurociência e além, sobretudo porque alguns especialistas defenderam que eles eram a fonte da empatia humana. Porém, há controvérsias. Uma objeção óbvia é que somos evidentemente capazes de compreender ações (como um deslizamento ou um voo) que nós mesmos somos incapazes de realizar. A sugestão de que o autismo seja causado por um sistema de neurônios-espelho danificado também não conta com evidências científicas.

TEMAS RELACIONADOS
NEURÔNIOS E CÉLULAS DA GLIA
p. 16

COORDENAÇÃO ENTRE OLHO E MÃO
p. 108

IMAGINAÇÃO
p. 122

DADOS BIOGRÁFICOS
GIACOMO RIZZOLATTI
1937–
Pesquisador líder da Universidade de Parma, onde os neurônios-espelho foram descobertos

V. S. RAMACHANDRAN
1951–
Influente neurocientista e escritor, renomado por suas ousadas afirmações sobre os neurônios-espelho (disse, inclusive, que eles farão pela psicologia o que o DNA fez pela biologia)

Textos por Christian Jarrett

Não é justo. Meus neurônios trabalharam tanto quanto os do meu colega, mas não vejo nenhuma uva-passa na minha tigela.

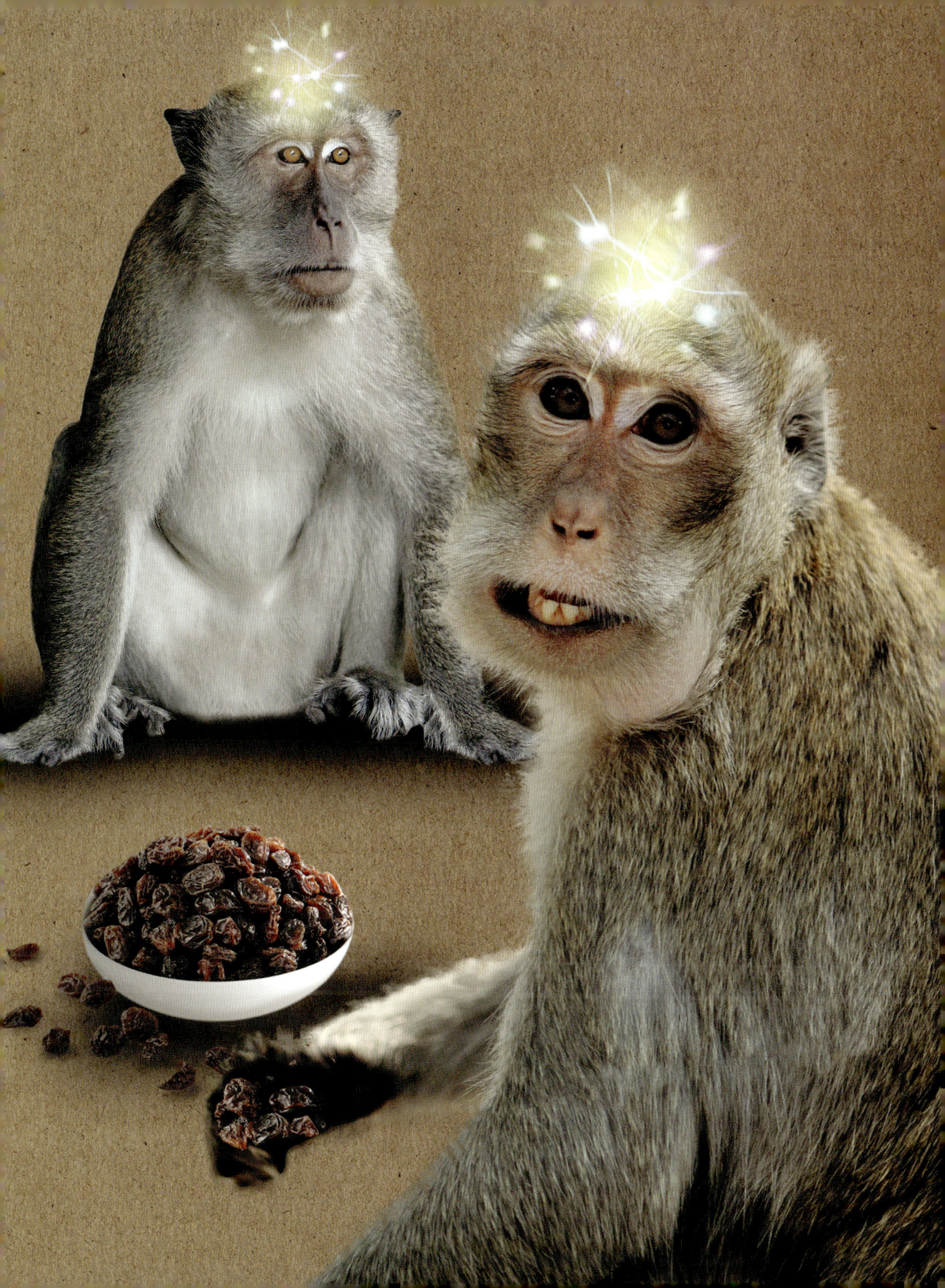

O DESENVOLVIMENTO DO CÉREBRO

O DESENVOLVIMENTO DO CÉREBRO
GLOSSÁRIO

amígdala cerebral Conjunto de feixes de neurônios (núcleos) situados nas profundezas dos lobos temporais mediais, com o tamanho e o formato aproximados de uma noz. A amígdala cerebral integra o sistema límbico e está envolvida no processo emocional e principalmente no aprendizado de associações emocionais salientes. Emoções adversas, como medo, são particularmente dependentes dela.

córtex pré-frontal A parte mais anterior dos lobos frontais, associada a funções cognitivas superiores, como metacognição, planejamento complexo e tomada de decisões, memória e interações sociais. Em conjunto, essas operações são por vezes conhecidas como "funções executivas".

demência É a perda da habilidade cognitiva a ponto de prejudicar a capacidade de a pessoa "funcionar". A perda de memória é um traço característico, mas há outras deficiências também. Existem muitas formas de demência, das quais a mais conhecida é a doença de Alzheimer. A maior parte dos casos de demência se deve à degeneração de redes neurais no cérebro e, em geral, é irreversível.

feromônios Sinais químicos secretados pelos animais e que agem como sinais para outros membros da mesma espécie. Servem a inúmeros propósitos em animais sociais, inclusive como alarme, para promover o senso de grupo/proteção grupal e auxiliar na locomoção/orientação.

hipocampo Área em formato de cavalo-marinho no interior dos lobos temporais. Está associada à formação e consolidação de memórias; também dá apoio à navegação espacial. Danos à área podem causar amnésia severa, sobretudo no caso de memórias episódicas (autobiográficas).

memória espacial Tipo particular de memória que envolve informações sobre a localização e a orientação de um indivíduo, sendo necessária para situá-lo. A memória espacial depende do hipocampo (nos lobos temporais mediais). Em ratos, neurônios hipocampais específicos – células de localização – se ativam somente quando o rato está em um local específico de seu ambiente, originando a noção de "mapa cognitivo".

sinapses São as conexões entre neurônios, ligando o axônio de um ao dendrito de outro. As sinapses garantem que os neurônios fiquem fisicamente separados um do outro, de modo que o cérebro não seja uma engrenagem em contínuo funcionamento. A comunicação por meio das sinapses pode ocorrer quimicamente via neurotransmissores ou eletricamente.

sistema olfatório Uma das partes mais antigas do cérebro em termos de evolução. Sustenta o sentido do olfato e é menos desenvolvido em humanos do que em muitos outros animais. Sinais de células sensoriais olfativas no nariz são transmitidos ao bulbo olfatório no interior do cérebro. A olfação e o paladar se distinguem dos outros sentidos por responderem a estímulos químicos.

sistema proprioceptivo Propriocepção refere-se à noção de posição das várias partes do corpo e difere tanto da exterocepção (os sentidos clássicos, direcionados ao mundo exterior) quanto da interocepção (a noção do estado corporal interno). Como outras vias sensoriais, o sistema proprioceptivo envolve uma via que vai da periferia sensorial através do tálamo até partes específicas do córtex.

teoria do comparador Teoria sobre disfunções cognitivas que estariam na base da esquizofrenia. Introduzida por Irwin Feinberg e substancialmente desenvolvida por Chris Frith, ela propõe que as ilusões – sobretudo as ilusões de controle – originam-se na falha em distinguir apropriadamente entre sensações autogeradas e aquelas causadas por fatores externos.

NEUROGÊNESE E NEUROPLASTICIDADE

ONDA CEREBRAL
A neurogênese e a neuroplasticidade permitem ao cérebro se adaptar às diferentes demandas características de cada estágio da vida.

BRAINSTORM
Ratos dominantes emitem sinais químicos transportados pelo ar (feromônios) que estimulam a neurogênese no bulbo olfatório e no hipocampo do cérebro das fêmeas. Os novos neurônios no cérebro feminino influenciam a escolha dela por um parceiro, fazendo com que mostre forte preferência por copular com machos dominantes. Não se sabe se algo parecido ocorre no cérebro humano. Tanto no homem quanto no rato, porém, o bulbo olfatório e o hipocampo são locais de significativa neurogênese em adultos.

A neurogênese povoa com neurônios o cérebro em desenvolvimento. A neuroplasticidade adapta os neurônios e as redes às mudanças no ambiente sensorial. Na maior parte do século XX, acreditava-se que a neurogênese ocorresse apenas antes do nascimento e durante a primeira infância, após a qual a estrutura cerebral estaria estabelecida. Hoje, sabe-se que o cérebro é modificado ao longo da vida pela neurogênese. Isso altera o diagrama da rede cerebral, porque os novos neurônios formam novas sinapses que devem ser incorporadas à rede preexistente. Porém, como a neurogênese é estimulada e qual seu significado funcional ainda são pontos pouco esclarecidos. A neurogênese no hipocampo adulto – um centro para a formação da memória espacial – é uma exceção, porém. Nele, a neurogênese pode ser estimulada com o aprendizado de como se portar em um novo ambiente. Uma vez incorporados, os novos neurônios hipocampais e suas sinapses contribuem para as funções da memória espacial e, inclusive, fazem o hipocampo crescer. A descoberta de que taxistas têm um hipocampo ampliado mostra a ligação entre exercitar uma função cerebral e o crescimento da região responsável por tal função. É reconfortante saber que o cérebro permanece receptivo e mutável ao longo da vida. Exercite-o e terá a perspectiva de envelhecer (algo inevitável) ao mesmo tempo que se torna mais sábio (uma questão de escolha).

TEMAS RELACIONADOS
NEURÔNIOS E CÉLULAS DA GLIA
p. 16

O CÉREBRO EM DESENVOLVIMENTO
p. 28

MEMÓRIA
p. 118

O ENVELHECIMENTO DO CÉREBRO
p. 144

DADOS BIOGRÁFICOS
JOSEPH ALTMAN
1925-2016
Primeiro a registrar a neurogênese no cérebro adulto de um mamífero, nos anos 1960, apesar de o trabalho ter sido totalmente ignorado à época

Textos por Michael O'Shea

O hipocampo, o GPS do cérebro, pode atualizar e expandir seu programa de busca de trajetos durante a vida adulta; boa notícia para os taxistas londrinos.

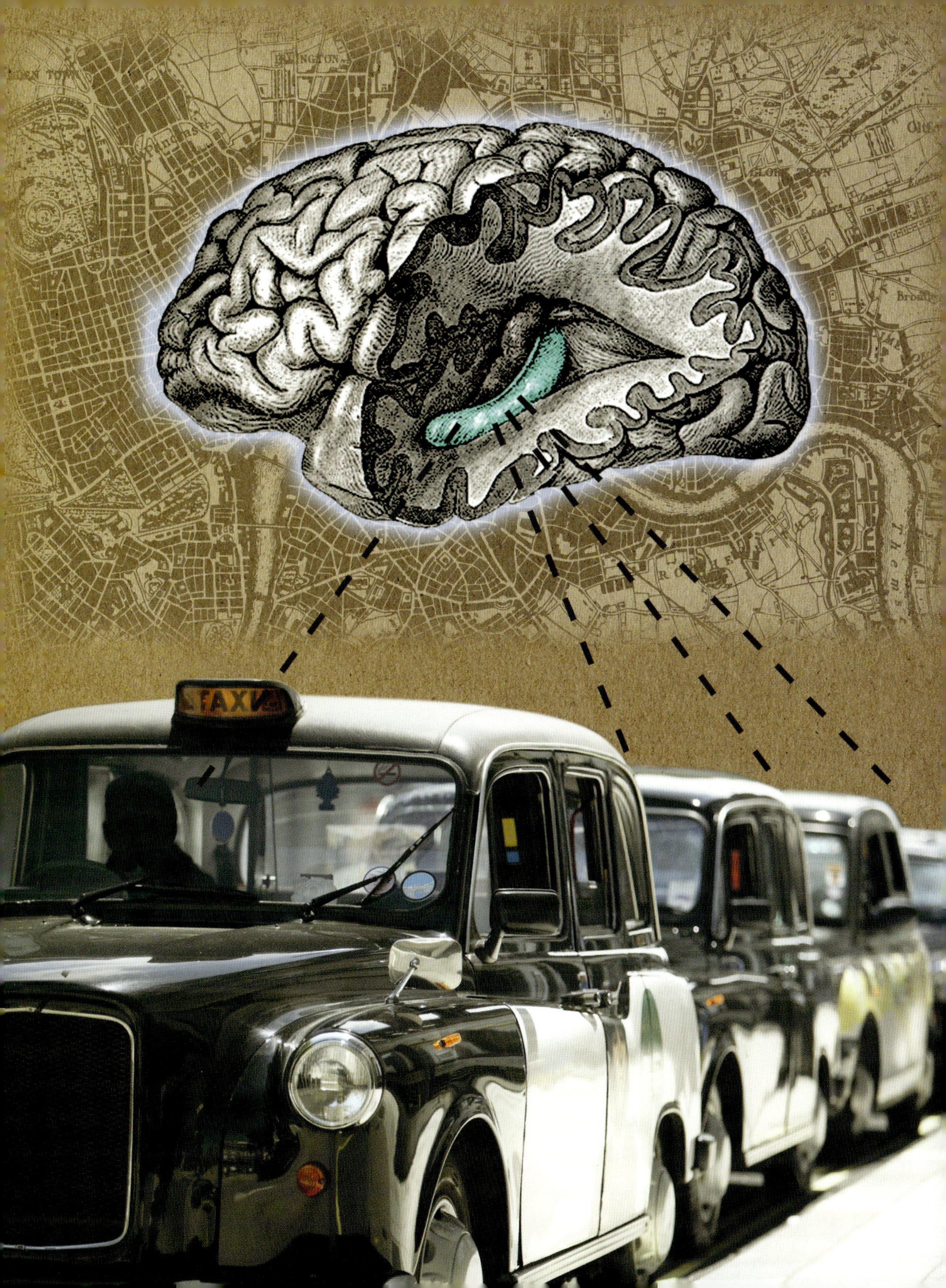
TAXI

TREINAMENTO CEREBRAL

A premissa por trás do treinamento cerebral é a de que o cérebro não passa de um músculo, e exercícios mentais regulares podem levar a uma melhor performance cognitiva em termos gerais, assim como impedir a atrofia. Isso pode soar intuitivo, mas praticamente ainda não há comprovações científicas para tal. De fato, existem evidências consideráveis de que treinar o cérebro é inútil em muitos casos. Por exemplo, um grande estudo on-line realizado por Adrian Owen envolveu mais de 11 mil participantes entre 18 e 60 anos; por seis semanas, eles praticaram vários exercícios-padrão de treinamento de memória e raciocínio. Apesar de o desempenho nos exercícios realizados com treinamento ter naturalmente melhorado, não houve progresso em tarefas similares realizadas sem treinamento. Isso se deve, provavelmente, ao fato de que adultos do século XXI têm rotinas já bastante complicadas, de modo que somos constantemente "treinados" pela necessidade de compreender nossos computadores, celulares e jogos de videogame, sem falar no sudoku e nas palavras cruzadas, que contam com muitos adeptos. No entanto, um modelo de treinamento recém-realizado em laboratório se mostrou promissor e envolve a complicada tarefa de manter em mente dois fluxos de informação ao mesmo tempo. Nesse caso, a performance melhorou muito ao longo das semanas de treinamento, assim como o QI, particularmente daqueles que começaram na faixa mais baixa do espectro.

ONDA CEREBRAL
Manter o cérebro em forma com exercícios mentais parece sensato, mas não tem respaldo científico, pelo menos por enquanto.

BRAINSTORM
Apesar de adultos normais praticamente não se beneficiarem com o treinamento cerebral, existem evidências questionáveis de que a prática ajuda no caso de vários distúrbios, inclusive TDAH, doença de Alzheimer precoce e até esquizofrenia. Por que o treinamento cerebral funciona para essas populações clínicas não se sabe, mas pode ser que alguns sintomas clínicos surjam de uma capacidade de memória particularmente baixa, e o treinamento cerebral restabeleça níveis próximos ao normal, assim aliviando os problemas mais específicos.

TEMAS RELACIONADOS
NEUROGÊNESE E NEUROPLASTICIDADE
p. 138

O ENVELHECIMENTO DO CÉREBRO
p. 144

ESQUIZOFRENIA
p. 150

MEDITAÇÃO
p. 152

DADOS BIOGRÁFICOS
ADRIAN OWEN
1966-
Comprovou o uso limitado de técnicas-padrão de treinamento cerebral

Textos por Daniel Bor

O exercício de fazer palavras cruzadas diariamente pode torná-lo um campeão na atividade, mas não vai ajudá-lo com a física quântica.

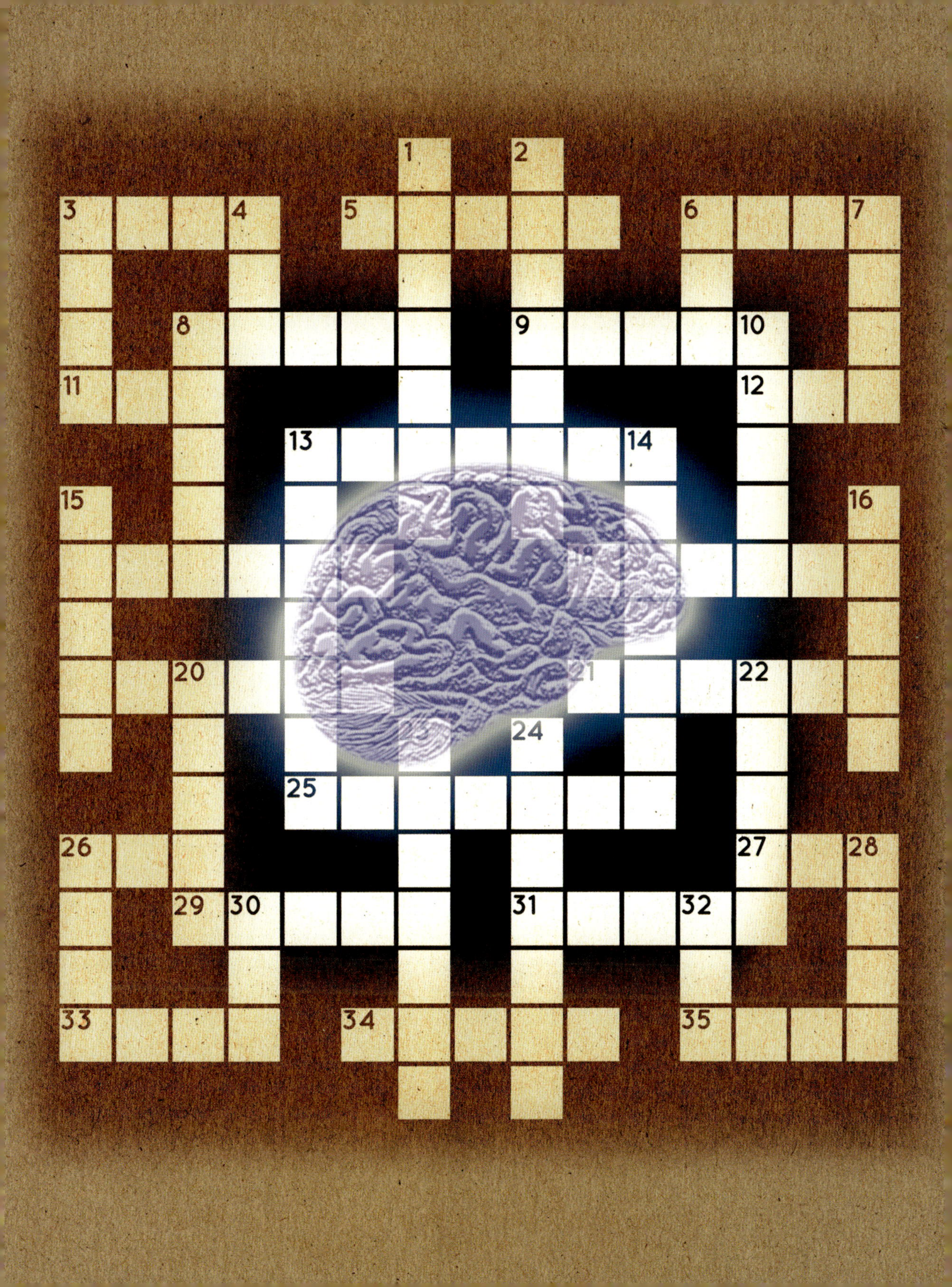
1
2
3
4
5
6
7
8
9
10
11
12
13
14
15
16
20
21
22
24
25
26
27
28
29
30
31
32
33
34
35

A PERSONALIDADE DO CÉREBRO

Quem é você? Você é diferente de outras pessoas, até mesmo gêmeos univitelinos não nascem idênticos. Uma complexa rede de influências ambientais, genéticas e de desenvolvimento combinam-se para formar as várias partes que compõem o corpo – sendo o cérebro especialmente suscetível. Essas influências podem inclusive ocorrer antes do nascimento – durante a gravidez, uma modificação na composição do útero por álcool, drogas ou dieta pode levar a grandes alterações no comportamento e na personalidade mais tarde na vida. Durante o desenvolvimento normal, as pessoas – e seu cérebro – tornam-se receptivas a uma ampla gama de influências ambientais, incluindo, crucialmente, aquelas que surgem de relações com outros humanos. Essas diferenças no desenvolvimento cerebral coincidem com mudanças na configuração das redes neurais, as quais estão na base das diferenças de personalidade que a neurociência apenas começa a destrinchar. Até agora, evidências sugerem que o quão neuróticos, extrovertidos ou inteligentes somos parece estar associado ao tamanho e ao formato de nosso cérebro e à atividade das várias áreas cerebrais. Por exemplo, sabe-se que a amígdala, estrutura cerebral do tamanho de uma noz, é fundamental no processamento do medo. Curiosamente, ela é hiperativa em pessoas ansiosas ou muito fóbicas, e quanto maior a ansiedade do paciente, maior a atividade da amígdala cerebral quando se veem rostos temíveis.

ONDA CEREBRAL
Você é o seu cérebro. Sua personalidade emerge da interação de diferentes redes cerebrais, moldadas por seus genes e por seu histórico pessoal.

BRAINSTORM
Um modo de medir as diferenças individuais relevantes para a personalidade na estrutura do cérebro é chamado de morfometria baseada no voxel (MBV). Ela quantifica sutis diferenças no volume cerebral entre indivíduos, que podem então ser relacionadas a diferentes facetas da personalidade. Por exemplo, estudo recente mostrou que o volume cerebral no sulco temporal superior posterior previu o nível de solidão numa amostra de pessoas. Ainda não é uma explicação para a solidão, mas esse sulco está ligado ao processamento de sinais sociais, o que parece bastante relevante.

TEMAS RELACIONADOS
O CÉREBRO EM DESENVOLVIMENTO
p. 28

NEUROIMAGEM
p. 58

TREINAMENTO CEREBRAL
p. 140

O ENVELHECIMENTO DO CÉREBRO
p. 144

DADOS BIOGRÁFICOS
HANS EYSENCK
1916-1997
Desenvolveu o arcabouço teórico sobre a personalidade e o cérebro

RYOTA KANAI
1977-
Foi pioneiro, com Geraint Rees, em ligar a neuroimagem com diferenças individuais usando morfometria baseada no voxel

Textos por Tristan Bekinschtein

Macbeth estava errado. Descobrimos que há, afinal, uma arte em deduzir a construção da mente a partir do rosto. Desculpe, Shakespeare.

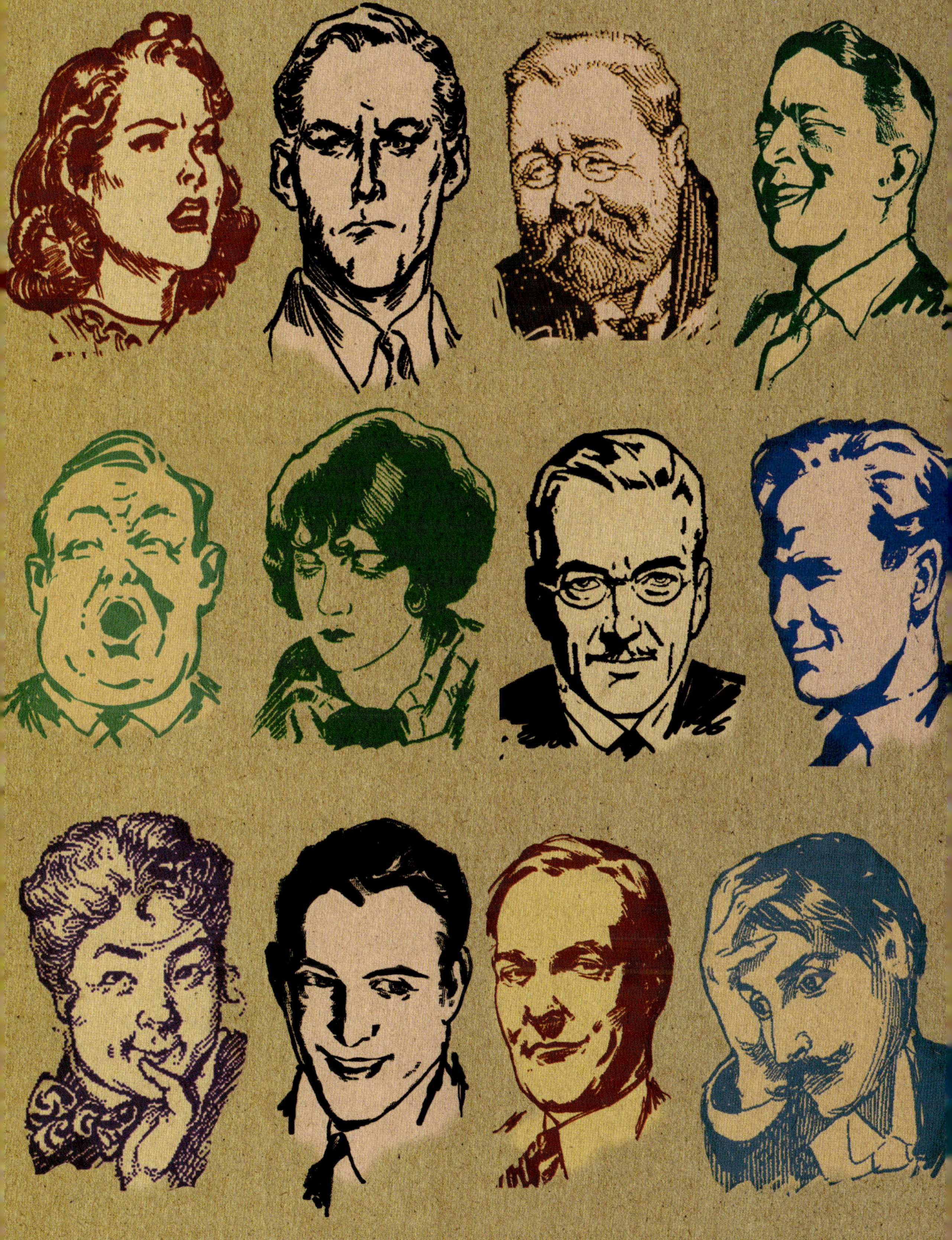

O ENVELHECIMENTO DO CÉREBRO

Se você está em idade avançada, talvez reclame para seus amigos e familiares jovens, ao confundir os nomes deles, que sua cabeça já não é mais a mesma de antigamente. Esse é, infelizmente, um caso em que a ciência reforça nossa intuição de que o processo geral de envelhecimento não pega mais leve quando se trata de nosso cérebro. Nós iniciamos nossa vida após o nascimento com um jogo completo de neurônios, mas as conexões entre eles explodem em números nos primeiros quinze meses de vida e continuam surgindo de modo agressivo até a adolescência terminar. Porém, pouco depois disso, em vários aspectos o cérebro já atingiu seu auge; então só resta o declínio. Apesar de certas regiões cerebrais se deteriorarem mais rapidamente que outras, nós perdemos, em média, 10% das substâncias cinzenta e branca a cada década de vida adulta. Como consequência, nossa capacidade de raciocínio, de acordo com medições por testes de QI não verbais, atinge o auge aos 20 e poucos anos e declina constantemente depois. Como se isso não fosse o bastante, nosso longevo cérebro acaba ficando, nas últimas décadas de existência, particularmente suscetível a várias formas de doença, sendo a de Alzheimer a mais preocupante – após os 65 anos ela se torna exponencialmente mais comum, e mais de 30% dos indivíduos acima de 85 anos sofrem desse mal.

ONDA CEREBRAL
Uma desvantagem de um cérebro tão brilhante é seu declínio nos anos vindouros, quando o córtex afina e nós nos tornamos cada vez mais suscetíveis à demência.

BRAINSTORM
Um raio de esperança surge: evidências recentes contradizem a visão de que a neurogênese, ou seja, a formação de novos neurônios, não ocorre na vida adulta. A neurogênese foi observada no bulbo olfatório, responsável por sentir cheiros, e no hipocampo, uma região crucial para a formação da memória. Porém, como tudo na vida, o ritmo da neurogênese diminui com a velhice. Uma questão fundamental para pesquisas futuras é se esse processo pode ser utilizado para combater Alzheimer e outras doenças cerebrais relacionadas ao envelhecimento.

TEMAS RELACIONADOS
O CÉREBRO EM DESENVOLVIMENTO
p. 28

NEUROGÊNESE E NEUROPLASTICIDADE
p. 138

DADOS BIOGRÁFICOS
ALOIS ALZHEIMER
1864-1915
Neuropatologista que descobriu a doença degenerativa batizada com seu nome

JOHN MORRISON
1952-
Proeminente e moderno neurocientista especializado no envelhecimento do cérebro

LISBETH MARNER
1974-
Neuropatologista que demonstrou mudanças na substância branca relacionadas ao envelhecimento

Textos por Daniel Bor

"A velhice não é para os covardes", já dizia Bette Davis, ela mesma citando H. L. Mencken. De todas as fases do homem (e da mulher), a sétima é a mais cruel.

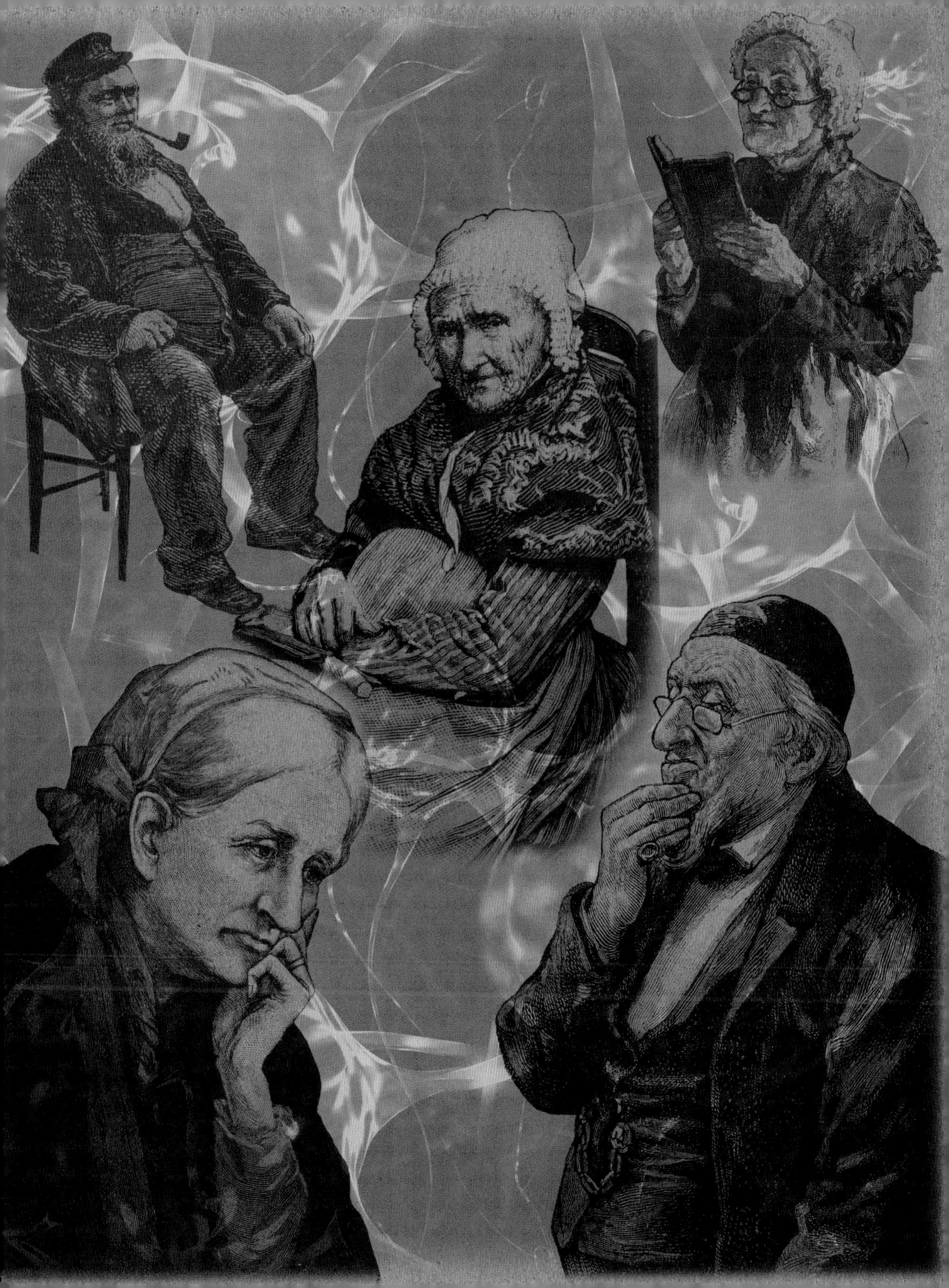

DOENÇA DE PARKINSON

Das doenças neurodegenerativas,

o Parkinson é a segunda mais prevalente, perdendo apenas para o Alzheimer – afeta 1% das pessoas acima de 60 anos e 4% daquelas com mais de 80. Não existe cura nem causa conhecida. Entre os sinais iniciais que podem antecipar o diagnóstico em vários anos estão perda do olfato, insônia, constipação, depressão e tremor em um dedão. Depois, tremores nos dois braços, lentidão nos movimentos, instabilidade postural, rigidez, fraqueza muscular e desenvolvimento de uma postura corcunda. Por fim, cerca de 20% das pessoas que sofrem da condição apresentam demência. O Parkinson implica a degeneração progressiva de neurônios específicos, que, quando saudáveis, liberam dopamina em outras partes do cérebro relacionadas ao controle de movimento. Isso prejudica a fluidez na execução de movimentos voluntários. Medicamentos podem controlar os sintomas e diminuir o progresso da doença. Porém, nem todos os sintomas são explicados por esse mecanismo. Em estágios avançados, quando a medicação por vezes se torna ineficaz, a estimulação cerebral profunda (DBS, na sigla em inglês), que envolve o implante de um marca-passo cerebral, pode ser benéfica. A cura, baseada em pesquisas sobre transplante de células-tronco ou terapia gênica, ainda é um sonho distante. Talvez um benefício mais imediato seja reconhecer sinais sutis que surgem anos antes do diagnóstico comum. Introduzir tratamento nos estágios iniciais talvez previna o progresso da doença.

ONDA CEREBRAL
O Parkinson é uma doença debilitante e prevalente que afeta a movimentação e o humor, na qual os neurônios que contêm dopamina no cérebro se degeneram e morrem. Não existem causas ou curas conhecidas.

BRAINSTORM
Progressos em pesquisas sobre Parkinson ocorrem em várias frentes. A prevenção da degeneração de neurônios por meio do desenvolvimento de agentes inibidores da morte celular é promissora, assim como a terapia gênica que envolve o uso de transportadores virais para introduzir genes terapêuticos em regiões cerebrais específicas. Pesquisa com células-tronco em animais é outra área interessante. Nesse caso, o objetivo é substituir neurônios produtores de dopamina mortos ou doentes por novas células transplantadas em centros motores do cérebro.

TEMA RELACIONADO
NEUROTRANSMISSORES E RECEPTORES
p. 18

DADOS BIOGRÁFICOS
JAMES PARKINSON
1755-1824
O primeiro a documentar em detalhes os sintomas da paralisia tremulante (1817)

JEAN-MARTIN CHARCOT
1825-1893
Propôs renomear a doença em homenagem a James Parkinson

ARVID CARLSSON
1923-
Estabeleceu o papel crucial da diminuição de dopamina no Parkinson

Textos por Michael O'Shea

A doença de Parkinson gradualmente degrada os neurônios responsáveis pela coordenação motora, produzindo o tremor e a lenta movimentação característicos de pessoas que sofrem da condição.

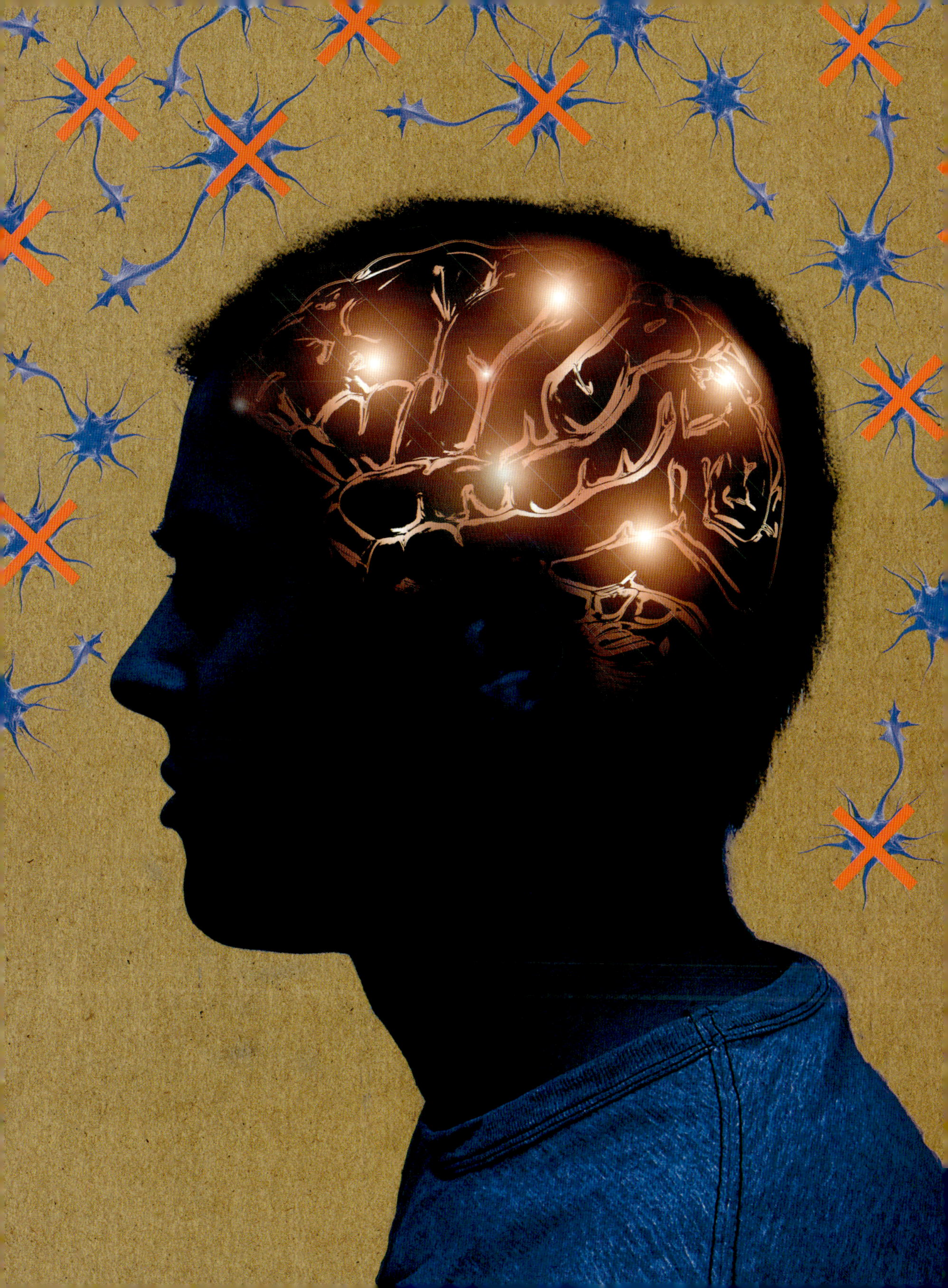

20 de agosto de 1913
Nasce em Hartford, Connecticut, nos EUA

1935
Completa o bacharelado no Oberlin College, Ohio

1937
Conclui o mestrado em psicologia

1941
Doutorado em zoologia pela Universidade de Chicago, sob a orientação de Paul Weiss

1941-46
Período como pesquisador em Harvard

1942
Trabalha nos Yerkes Laboratories of Primate Biology

1942-45
Integra a OSRD Medical Research Unit on Nerve Injuries

1946
É professor associado de anatomia na Universidade de Chicago

1949
Diagnosticado com tuberculose, é enviado a Adirondacks para tratamento

1952-53
É professor associado de psicologia na Universidade de Chicago; chefe da seção de doenças neurológicas e cegueira no National Institute of Health

1954
Professor de psicobiologia no California Institute of Technology

1965
Publica o primeiro de uma série de artigos propondo uma nova teoria da mente

1972
É eleito Cientista do Ano da Califórnia

1981
Recebe o prêmio Nobel (conjunto) de Fisiologia ou Medicina por "suas descobertas na área de especialização funcional dos hemisférios cerebrais"

1984
Aposenta-se, mas segue como professor emérito de psicobiologia no California Institute of Technology

1989
Recebe a National Medal of Science

1991
É agraciado com o Lifetime Achievement Award pela American Psychological Association

17 de abril de 1994
Morre de esclerose lateral amiotrófica

ROGER SPERRY

Ernest Rutherford dividiu o átomo

em 1917. Quarenta anos depois, em trabalho que teve o mesmo efeito sísmico para sua área de atuação, Roger Sperry efetivamente "dividiu" o cérebro, revelando as funções, as limitações, a cooperação e as diferenças entre os dois hemisférios e estabelecendo a base para o mapeamento cerebral e novas teorias da mente.

Sperry começou sua carreira acadêmica como estudante de literatura inglesa e atleta de várias modalidades no Oberlin College, em Ohio, EUA. Uma de suas disciplinas auxiliares era introdução à psicologia, que logo se tornou seu principal interesse. Após completar o bacharelado, ele obteve diplomas em psicologia e zoologia (pela Universidade de Chicago), avançando para a pesquisa de pós-doutorado em Harvard. Depois de uma fase como professor associado em Chicago – entre as escolas de anatomia, psicologia e doenças neurológicas –, ele foi recrutado pelo California Institute of Technology, onde se tornou professor de psicobiologia até se aposentar.

A pesquisa inicial de Sperry concentrava-se na circuitaria cerebral e na especificidade neural. Seus elegantes experimentos indicavam que nervos específicos a certas atividades (visão ou locomoção, por exemplo) não conseguiam se reorientar a fim de reproduzir sua função original caso fossem transplantados; ao menos nesse aspecto o sistema nervoso dos mamíferos parece programado e incapaz de mudar ou se adaptar. Essas descobertas produziram fortes evidências de que o desenvolvimento das vias neurais ocorre por meio de intricados códigos químicos sob controle genético, ideia fundamental para a moderna neurobiologia do desenvolvimento.

Mas foi durante um ano sabático forçado (ele havia sido diagnosticado com tuberculose) que Sperry começou a pensar sobre o corpo caloso – a ponte entre os dois hemisférios cerebrais –, uma estrutura cuja função ninguém compreendia ao certo. Comprovou-se que "dividir" o cérebro por meio do corte dessa estrutura aliviava os sintomas da epilepsia sem danos colaterais aparentes. O trabalho de Sperry com pacientes de "cérebro dividido" revelou que os dois hemisférios atuam de modo independente, mas em colaboração; sem o sistema de ligação do corpo caloso, eles funcionam basicamente como dois cérebros separados numa mesma cabeça. Essa pesquisa desencadeou diversas descobertas sobre a lateralização das funções cerebrais – por exemplo, que a linguagem em geral (mas não sempre) é lateralizada no hemisfério esquerdo. Também o levou a especular que os pacientes de "cérebro dividido" poderiam, inclusive, apresentar a coexistência de duas consciências separadas. O trabalho de Sperry lhe rendeu um Nobel conjunto de Fisiologia ou Medicina em 1981. Também o fez pensar sobre uma teoria da mente (segundo a qual a consciência é uma função emergente da atividade neural) que é considerada sua mais importante contribuição à neurobiologia.

ESQUIZOFRENIA

Aproximadamente 0,7% da população vai apresentar esquizofrenia em algum ponto da vida. Ao contrário de certas crenças populares, o principal aspecto do distúrbio não são personalidades duplas ou múltiplas, mas uma combinação de sintomas "negativos", incluindo embotamento afetivo e falta de motivação, e aspectos "positivos", como alucinações perceptivas, falsas crenças, ilusões paranoicas e pensamento e fala desorganizados. "Inserção de pensamentos" – experimentar falta de propriedade sobre os próprios pensamentos – pode ser um dos sintomas mais angustiantes. Apesar de a base cerebral da esquizofrenia ainda não ser bem compreendida, há algumas teorias promissoras. A teoria do comparador propõe que os cérebros esquizofrênicos têm dificuldade em distinguir entre sensações autogeradas e aquelas causadas por fatores externos. Por exemplo, quando fazemos um movimento, nosso cérebro prediz as consequências sensoriais do movimento, de modo que apreciamos o movimento como produzido por nós mesmos. Se essas predições forem prejudicadas, o cérebro pode atribuir erroneamente o controle a uma fonte externa, levando a uma "ilusão de controle". Recentemente, a teoria foi ampliada para explicar alucinações perceptivas, usando a ideia de que as percepções também são baseadas em predições. Isso implica que esquizofrênicos, ao contrário da maioria das pessoas, deveriam ser capazes de fazer cócegas em si mesmos, o que é verdade.

ONDA CEREBRAL
A esquizofrenia envolve alucinações perceptivas, falsas crenças e inserção de pensamentos. Esses sintomas podem surgir de uma falha em combinar de modo adequado expectativas prévias com novas evidências sensoriais.

BRAINSTORM
Vários genes são associados a suscetibilidade à esquizofrenia. Um deles, o COMT (catecol-O-metiltransferase), participa da quebra do neurotransmissor dopamina, envolvido no aprendizado baseado em predições. A identificação desses alvos genéticos pode abrir novos caminhos para diagnósticos e tratamentos. Porém, não existe uma ligação simples entre genes e estados mentais. Tais condições abrangem complexas redes de causas genéticas, de desenvolvimento e psicossociais.

TEMAS RELACIONADOS
O CÉREBRO BAYESIANO
p. 50

VOLIÇÃO, INTENÇÃO E LIVRE-ARBÍTRIO
p. 88

SÍNDROME DA MÃO ALIENÍGENA
p. 112

DADOS BIOGRÁFICOS
EUGEN BLEULER
1857-1939
Psiquiatra suíço e contemporâneo de Freud, cunhou o termo "esquizofrenia"

CHRIS FRITH
1942-
Pioneiro da neurociência da esquizofrenia

Textos por Anil Seth

A maioria de nós consegue diferenciar o que fazemos daquilo que nos vem do mundo exterior; esquizofrênicos têm problemas com isso, portanto se sentem sempre ludibriados pelas diversas partes de si mesmos.

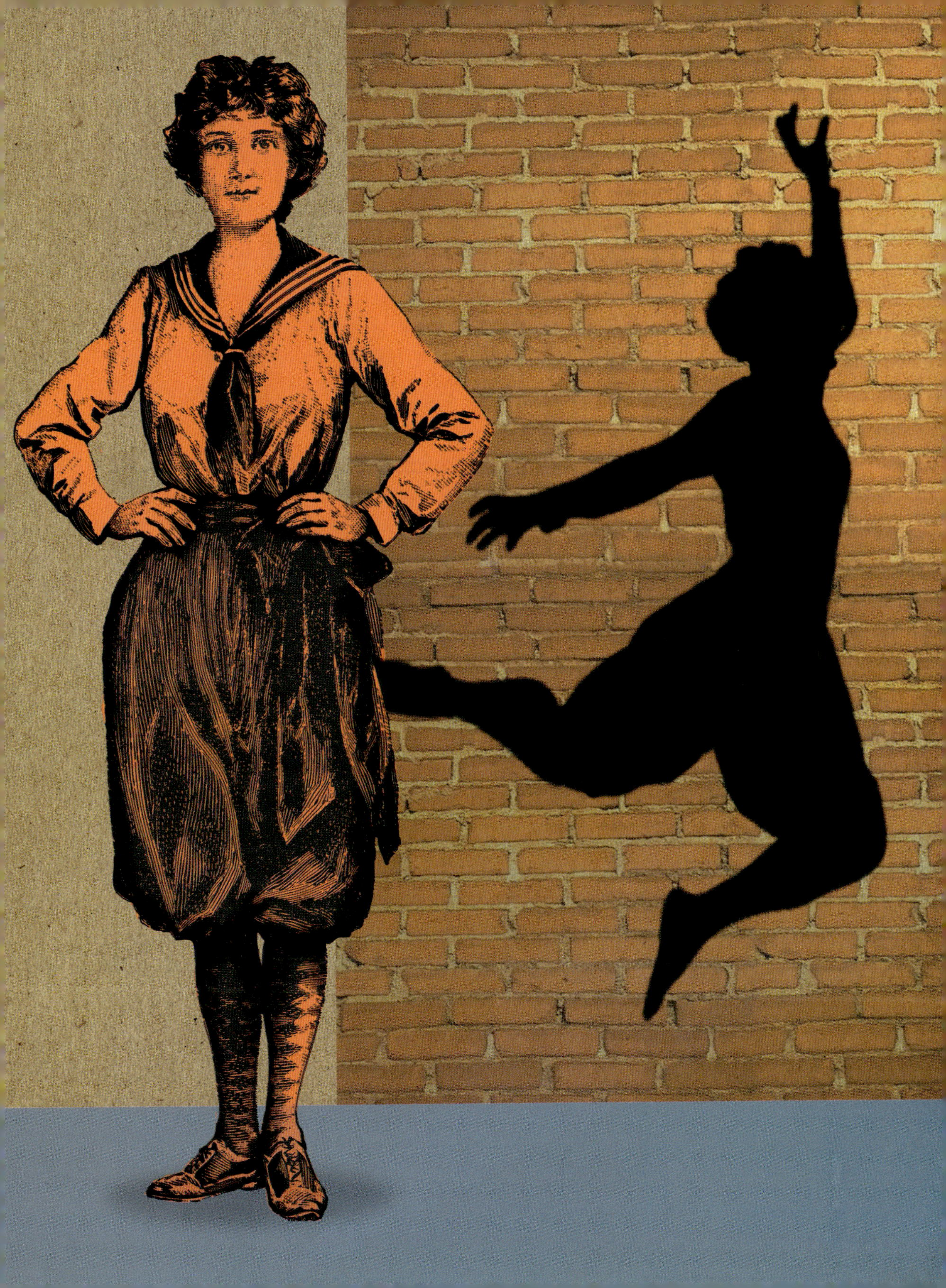

MEDITAÇÃO

A essência da meditação é treinar

a si mesmo para ser tão consciente quanto possível em relação ao mínimo possível. Tem-se mostrado que, diferentemente do treinamento cerebral, a meditação tem profundos efeitos no pensamento, nas emoções e no cérebro. Por exemplo, meditadores de longa data têm a amígdala cerebral (região associada à ansiedade e ao medo) diminuída e um córtex pré-frontal (relacionado com as formas mais superiores de processamento cognitivo e inteligência) ampliado. Meditadores experientes também parecem, de certa forma, protegidos contra a demência, o que faz sentido, considerando-se que a meditação promove o crescimento, e não a diminuição, das regiões cerebrais dedicadas ao pensamento complexo e à memória. A atividade no córtex pré-frontal também pode se tornar mais eficiente por meio da meditação, de modo que menos atividade seja necessária para a realização ideal de determinada tarefa. Alinhado a isso, a meditação constante melhora uma gama de tarefas na área da atenção, da memória de curto prazo e do processamento espacial. A percepção também parece ser alterada – meditadores experientes são capazes de detectar estímulos mais fracos e se mostram menos suscetíveis a certas ilusões visuais. A meditação também reduz a necessidade de sono. Devido a suas propriedades antiestresse, ela é cada vez mais utilizada como ferramenta clínica, aliviando sintomas de dor crônica, depressão, ansiedade, esquizofrenia e outras condições.

ONDA CEREBRAL
Na população normal, a meditação tem um profundo efeito no cérebro, acalma as emoções, melhora a cognição e pode ajudar no tratamento de várias doenças mentais.

BRAINSTORM
Um indivíduo não precisa de anos de meditação intensa para notar algum de seus benefícios. Um estudo mostrou que apenas quatro sessões de meditação foram suficientes para aumentar a capacidade da memória de curto prazo. Outro revelou que cinco sessões melhoraram a performance em uma tarefa atencional que envolvia a resolução de conflitos. Ao mesmo tempo, cinco sessões apenas também funcionam para diminuir a sensação de ansiedade, raiva e cansaço do praticante.

TEMAS RELACIONADOS
NEUROGÊNESE E NEUROPLASTICIDADE
p. 138

TREINAMENTO CEREBRAL
p. 140

O ENVELHECIMENTO DO CÉREBRO
p. 144

ESQUIZOFRENIA
p. 150

DADOS BIOGRÁFICOS
JON KABAT-ZINN
1944-
Pioneiro da aplicação da meditação a populações clínicas

SARA LAZAR
1965-
Conduziu importantes estudos que relacionavam a meditação a mudanças cerebrais

Textos por Daniel Bor

Respire. Encolha essa amígdala, amplie esse córtex pré-frontal. A meditação não tem desvantagens. Om.

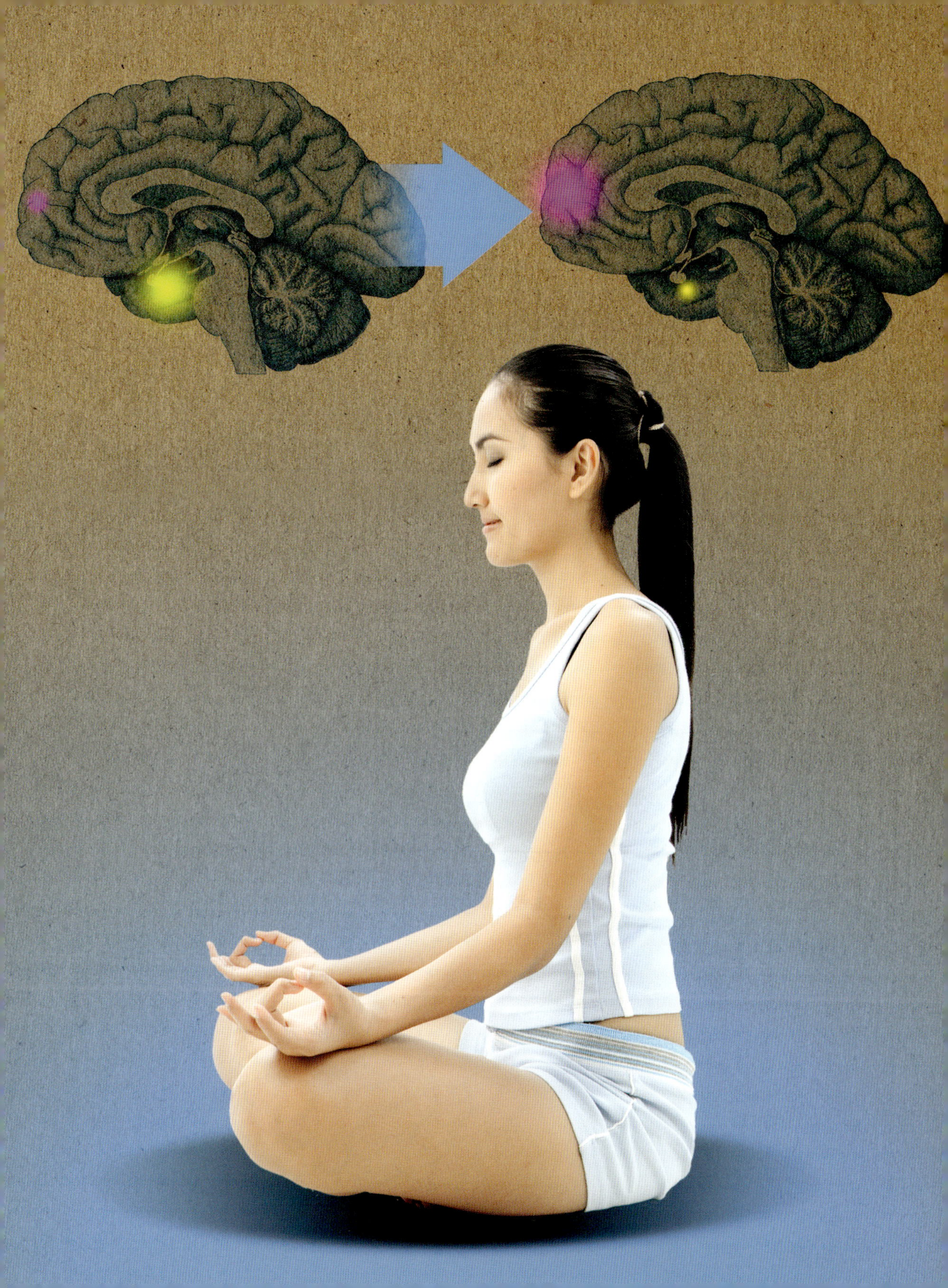

FONTES DE INFORMAÇÃO

LIVROS

Cérebro
Michael O'Shea
(Coleção L&PM Pocket, 2010)

Cérebro – Uma biografia
David Eagleman
(Rocco, 2017)

O cérebro que se transforma
Norman Doidge
(Record, 2011)

O duelo dos neurocirurgiões e outras histórias de trauma, loucura e recuperação do cérebro humano
Sam Kean
(Zahar, 2016)

O erro de Descartes: Emoção, razão e o cérebro humano
António Damásio
(Companhia das Letras, 2012)

Evolução do cérebro – Sistema nervoso, psicologia e psicopatologia sob a perspectiva evolucionista
Paulo Dalgalarrondo
(Artmed, 2010)

Fantasmas no cérebro – Uma investigação dos mistérios da mente humana
V. S. Ramachandran / Sandra Blakeslee
(Record, 2016)

O homem que confundiu sua mulher com um chapéu
Oliver Sacks
(Companhia das Letras, 1997)

Incógnito – As vidas secretas do cérebro
David Eagleman
(Rocco, 2012)

Memória
Iván Izquierdo
(Artmed, 2011)

Neurociência e educação – Como o cérebro aprende
Ramon M. Cosenza e Leonor B. Guerra
(Artmed, 2011)

Neuropsicologia em ação – Entendendo a prática
Clarice Peres / Rachel Schlindwein-Zanini
(Wak, 2016)

O mistério da consciência
António Damásio
(Companhia das Letras, 2000)

O olhar da mente
Oliver Sacks
(Companhia das Letras, 2010)

O que o cérebro tem para contar – Desvendando os mistérios da natureza humana
V. S. Ramachandran
(Zahar, 2014)

Sob o comando do cérebro – Entenda como a neurociência está no seu dia a dia
Marta Pires Relvas
(Wak, 2014)

A vantagem humana: Como nosso cérebro se tornou superpoderoso
Suzana Herculano-Houzel
(Companhia das Letras, 2017)

A vida secreta da mente
Mariano Sigman
(Objetiva, 2017)

REVISTAS

Revista Galileu
revistagalileu.globo.com/Ciencia/Neurociencia/noticia/plantao.html

Scientific American Mind
www.scientificamerican.com/sciammind/

SITES

BrainFacts
www.brainfacts.org
Muita informação sobre o cérebro e a neurociência, organizada pela Society for Neuroscience e parceiros.

BrainMyths
www.psychologytoday.com/blog/brain-myths
Do autor colaborador Christian Jarrett.

CEPID BRAINN
www.brainn.org.br
Site do CEPID (Centros de Pesquisa, Inovação e Difusão, da Fapesp).

Megacurioso: Neurociência
www.megacurioso.com.br/neurociencia
Site de notícias gerais, em parte dedicado a novidades sobre neurociências.

Neuro Channel
www.youtube.com/user/neurochannel1
Canal com vídeos sobre neurociências, elaborado por brasileiros.

NeuroPod
www.nature.com/neurosci/neuropod/index.html
Um podcast sobre neurociência hospedado no prestigioso periódico *Nature*.

The Sackler Centre for Consciousness Science
www.sussex.ac.uk/sackler
O site ideal para uma pesquisa em grupo sobre a ciência da consciência.

Scholarpedia
www.scholarpedia.org
Uma versão revisada da Wikipedia, com muitos artigos excelentes sobre neurociência.

Society for Neuroscience
www.sfn.org
Maior organização de cientistas e médicos do mundo voltada à compreensão do cérebro e do sistema nervoso.

SOBRE OS COLABORADORES

Tristan Bekinschtein é biólogo, doutor em neurociência pela Universidade de Buenos Aires e fez pós-doutorado em Paris e Cambridge. Atualmente é um Wellcome Trust Fellow no Medical Research Council da Universidade de Cambridge e apresenta grande interesse por cognição e neurofisiologia. Nos últimos anos, tem se concentrado principalmente na descrição de diferentes estados de consciência, como vigília, sono, sedação e estado vegetativo. Sua nova linha de trabalho foca sobretudo as transições – como perdemos a consciência e como a recuperamos. Ele publica artigos nos melhores periódicos científicos e colabora na TV, rádio e projetos midiáticos que discutam neurociência e o que nos torna humanos.

Daniel Bor é neurocientista do Sackler Centre for Consciousness Science, Universidade de Sussex. Trabalhou anteriormente na Universidade de Cambridge, onde também obteve seu doutorado. Publica artigos de pesquisa em periódicos, inclusive no *Science and Neuron*, em diversas áreas, entre elas a função do lobo frontal, consciência, inteligência, memória, treinamento cerebral, savantismo e sinestesia. É autor de um popular livro científico sobre a consciência, *The Ravenous Brain: How the New Science of Consciousness Explains Our Insatiable Search for Meaning* [O cérebro voraz: como a nova ciência da consciência explica nossa busca insaciável por significados (2012). Também contribui com artigos sobre neurociência e psicologia para várias revistas, como *Scientific American Mind*, *New Scientist*, *Slate* e *Wired UK*. Para mais informações, visite seu site, www.danielbor.com, ou siga-o no Twitter: @DanielBor.

Chris Frith é pioneiro da aplicação da neuroimagem para o estudo de processos mentais. É um dos fundadores do Wellcome Trust Centre for Neuroimaging do University College London. Estuda ação, cognição social e as alucinações e ilusões associadas a distúrbios mentais, como esquizofrenia. Foi eleito Fellow of the Royal Society em 2000 e Fellow of the British Academy em 2008. É o autor de *Schizophrenia: A very short introduction* [Esquizofrenia: uma breve introdução] (2003) e *Making up the Mind: How the brain creates our mental world* [Inventando a mente: como o cérebro cria nosso mundo mental] (2007).

Christian Jarrett foi o editor do volume *Psicologia* da série *50 conceitos*. Também é autor de *The Rough Guide to Psychology*, editor do blog Research Digest da British Psychological Society, jornalista da revista *The Psychologist*, blogueiro da *Psychology Today* e colaborador regular para o site 99u.com, caldeirão criativo com base em Nova York. Seu novo livro é *Great Myths of the Brain* [Grandes mitos do cérebro]. Siga-o no Twitter em @Psych_Writer.

Ryota Kanai é neurocientista cognitivo do Sackler Centre for Consciousness Science and School of Psychology, University of Sussex. O foco de sua pesquisa é compreender a base neural da experiência consciente. Ele investiga percepção biestável, metacognição, ligação de aspectos visuais e percepção do tempo usando psicofísica, neuroimagem e estimulação cerebral. Sua pesquisa com frequência aparece na mídia internacional, como na BBC, *The Guardian*, *The New York Times*, *New Scientist* e no podcast da *Nature*.

Michael O'Shea é professor de neurociência e codiretor do Centre for Computational Neuroscience and Robotics da Universidade de Sussex, Reino Unido. Já foi professor na Universidade de Genebra; professor associado na Pritzker School of Medicine da Universidade de Chicago; e professor assistente na Universidade do Sul da Califórnia. Ele coordenou o National Institute of Health e associações de pesquisa da ONU na Universidade de Cambridge e na Universidade da Califórnia em Berkeley. É autor de mais de cem artigos acadêmicos e do livro *The Brain: A Very Short Introduction* [O cérebro: uma breve introdução] (2005). Seus interesses abrangem os mecanismos moleculares da memória, sinalização química não sináptica, robótica biologicamente inspirada e o problema difícil da consciência; ele também coleciona instrumentos científicos antigos.

Anil Seth é professor de neurociência cognitiva e computacional e codiretor fundador do Sackler Centre for Consciousness Science da Universidade de Sussex. Também é Engineering and Physical Sciences Research Council Leadership Fellow e professor visitante na Universidade de Amsterdã. É editor-chefe de *Frontiers in Consciousness Research*. Publicou mais de cem artigos científicos e capítulos de livros, ministrou inúmeras palestras e escreveu amplamente sobre neurociência para um público geral, e sua pesquisa teve cobertura em um amplo leque midiático, incluindo *The Guardian* e *New Scientist*. Descubra mais em www.anilseth.com ou siga-o no Twitter em @anilkseth.

Jamie Ward é professor de neurociência cognitiva na Universidade de Sussex, Reino Unido. Tem diplomas também pela Universidade de Cambridge e pela Universidade de Birmingham. Grande parte de sua pesquisa concentra-se na compreensão de experiências perceptivas não usuais, principalmente sinestesia (por exemplo, qual música ativaria a percepção de cores), usando métodos como neuroimagem, EEG e testes cognitivos. É editor-chefe da *Cognitive Neuroscience* e também autor de importantes livros didáticos (*The Student's Guide to Cognitive Neuroscience* [O guia do estudante para a neurociência cognitiva] e *The Student's Guide to Social Neuroscience* [O guia do estudante para a neurociência social]).

ÍNDICE

A
ablação 36
afasia 116
alucinações 112, 150
Alzheimer, doença de 144
amígdala cerebral 36, 116, 120, 142, 152
anestésicos 90-1
aprendizado hebbiano 38-9, 45
área motora pré-suplementar 88
área motora suplementar 75
área V4 96, 98
atenção 96
axônio 14, 16, 28

B
Berger, Hans 46
Broca, afasia de 116
Broca, área de 126
Broca, Paul 56, 68, 124-5

C
Cajal, Santiago Ramón y 16, 22-3
cegueira à mudança 96, 106
cegueira e substituição sensorial 104
cegueira por desatenção 96, 106
células da glia 16-7, 28
cerebelo 24, 25, 26-7, 34
cérebro bayesiano 50-1
cérebro
 arquitetura 24-5
 danos 56, 68, 100

desenvolvimento 28-9
 embrionário 28
envelhecimento 144-5
estado de repouso 66-7
estimulação 70-1
evolução 30-1
função localizada 36-7, 70, 125
lado esquerdo vs. lado direito 68-9
lateralização 65
linguístico 126-7
lobos 24
mapeamento 56, 65, 68
neuroimagem 58-9
oscilações 46-7
treinamento 140-1
Chambers, David 76
codificação preditiva 35, 50
código neural 42-3
colículo superior 97
coma 74, 92-93
comprimento de onda (de luz) 98
condicionamento 34
conectoma 54, 60
conexionismo 34
consciência 76
 corporal 84-5
 e integração 86-7
constância de cor 96, 98
coordenação entre mão e olho 108-9
cor, enxergar 98-9
corpo caloso 149

correlatos neurais da consciência (CNCs) 74, 81, 82-3
córtex 24
córtex cerebral 14
córtex motor 97
córtex motor primário 112
córtex orbitofrontal 117, 120
córtex parietal pré-frontal 75
córtex pré-frontal 117, 152
Crick, Francis 20, 48, 62, 80-1, 82

D
Damásio, António 130
Darwin, teoria da seleção natural 48
darwinismo neural 48-9
demência 136
 e meditação 152
dendritos 14, 16
Dennett, Daniel 76
Descartes, René 76
DNA 20
dopamina 146, 150

E
Edelman, Gerald 48
eletroencefalograma (EEG) 54, 58
emoções 120-1
 e tomada de decisões 130
encefalite letárgica 111
engenharia genética 62
epilepsia 65, 68, 70, 118
espinhas dendríticas 23
esquizofrenia 150-1

estimulação magnética transcraniana (EMT) 54, 70
exercícios mentais 140
experiência autoscópica 74
experiências extracorporais 84

F
feromônios 136
frenologia 35, 36, 55, 56, 125
Freud, Sigmund 78
fugir ou lutar 120
função cognitiva 36-7
funções executivas 117

G
Gall, Franz 36, 125
genes 30
Gogli, Camillo 23
Greicius, Michael 66

H
heautoscopia 74
Hebb, Donald 38, 44-45
hemisférios 68, 149
hipersincronia 34, 46
hipocampo 14, 138
hipótese do marcador somático 117, 130
homúnculo 65

I
ilusões paranoicas 150
imagem por tensor de difusão (DTI) 54, 58

imaginação 122-3
impulsos nervosos 16
inconsciência 90, 92
inteligência artificial 40
interocepção 116
introspecção 116

K
Koch, Christof 81, 82

L
Libet, Benjamin 88
línguas 126-7, 149
livre-arbítrio 88-9
lobo insular 116, 120
lobos frontais 14, 24, 25, 54
lobos occipitais 15, 24, 25
lobos parietais 15, 24, 25
lobos temporais 15, 24, 25
lobos temporais mediais 118

M
magnetoencefalografia (MEG) 54
meditação 152-3
medo, sentir 36, 120
memória 118-9
  de curto prazo 118
  de longo prazo 118
  e experiências emocionais 120
  semântica 118
memória espacial 137
mesencéfalo 24, 25
metacognição 128-9
metencéfalo 24
mielinização 14, 28

morfometria baseada no voxel (MBV) 142
movimento e membros 112
movimento e visão 108

N
neurociência computacional 40
neurogênese 138-9, 144
neurogenética 20-1
neurônios 6, 16-7, 18, 23, 28, 35, 38, 42, 55, 62, 144
  degeneração de 146
neurônios motores 132
neurônios-espelho 132-3
neuroplasticidade 138-9
neuropsicologia 55, 56-7
neurotransmissores 16, 18-9, 38

O
ondas alfa 46
optogenética 62-3
oscilações neurais 46
óxido nítrico 18

P
pacientes com cérebro dividido 68, 149
Parkinson, doença de 146-7
Pavlov, Ivan 38
Penfield, Wilder 64-5, 70
percepção 50
personalidade 142-3
potencial de prontidão 75
problema difícil 76-7
problema fácil 76

projeto Brain Activity Map 6
proteína 20
Purkinje, células de 15, 26

Q
qualia 75, 76

R
Raichle, Marcus 66
receptores 18-9
rede neural em modo padrão 55, 66
redes neurais 40-1
reentrada 35, 48
ressonância magnética (MRI) 58
ressonância magnética funcional (fMRI) 55, 58
rivalidade binocular 74, 82
Rizzolatti, Giacomo 132

S
Sacks, Oliver 110-1
sinapses 15, 16, 20, 23, 28, 35, 38
sincronia 35, 42
síndrome da mão alienígena 112-3
síndrome do membro fantasma 84
sinestesia 102-3
sistema límbico 117
sistema olfatório 15
sistema proprioceptivo 137
somatoparafrenia 84
sonhar acordado 66
sonhos 78-9

sono 78-9
sono REM (movimento rápido do olho) 75, 78
Sperry, Roger 28, 68, 148-9
substituição sensorial 104-5
sulcos 24

T
tálamo 15, 24, 25
telencéfalo 24
teorema de Bayes 34
teoria da informação integrada (IIT) 75, 86
teoria da seleção de grupos neuronais (TNGS) 48
teoria do comparador 136
teoria do espaço de trabalho global 75, 86
tomada de decisões 130-1
tronco cerebral 14, 24, 25

V
vegetativo, estado 75, 92-3, 122
vérmis 26
vesículas sinápticas 18
visão cega 100-1
visão e atenção 106

W
Wernicke, afasia de 116
Wernicke, área de 126
Wernicke, Carl 56

X
xenomelia 84

AGRADECIMENTOS

CRÉDITOS DAS IMAGENS
A editora gostaria de agradecer às seguintes pessoas e organizações pela gentileza de autorizar a reprodução das imagens deste livro. Todos os esforços foram feitos para dar o devido crédito às fotografias; não obstante, pedimos desculpas caso tenha havido alguma omissão involuntária.

Todas as imagens de Shutterstock, Inc./www.shutterstock.com e Clipart Images/www.clipart.com, exceto se indicado.

Corbis/Alex Gotfryd: 110.
Getty Images/Hulton Archive: 148.
Ivan Hissey: 44.
Library of Congress Prints and Photographs Division Washington, D.C.: 64.
Public Library of Science: 80.

AGRADECIMENTOS DO AUTOR
Anil Seth agradece ao Dr. Mortimer e à Theresa Sackler Foundation por possibilitar a pesquisa sobre consciência na Universidade de Sussex, via Sackler Centre for Consciousness Science.

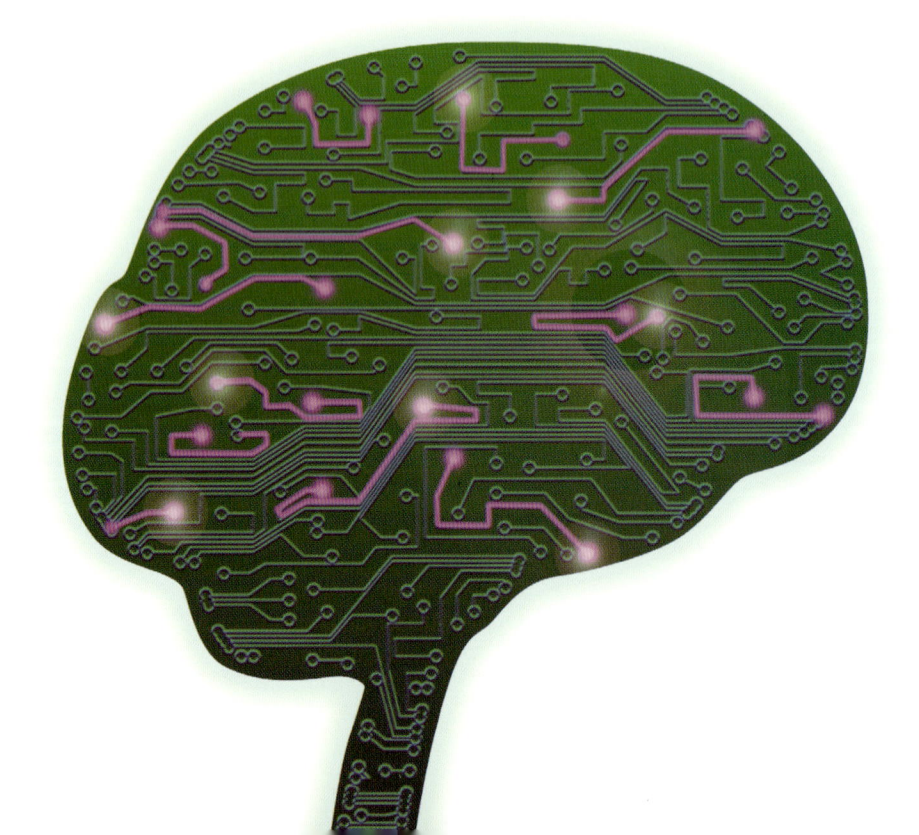